黄砂にいどむ

緑の高原をめざして

高橋秀雄

新日本出版社

黄砂にいどむ――緑の高原をめざして／目次

はじめに

一七年前、一前宣正氏《いちぜんのぶまさ》に初《はじ》めてお会いしたときの印象《いんしょう》は強烈《きょうれつ》でした。児童文学仲間《じどうぶんがくなかま》の奥様《おくさま》に用事があって、ご自宅《じたく》にお邪魔《じゃま》したときのことです。玄《げん》関先《かんさき》で出迎《でむか》えてくれたのが夫である一前さんでした。作業着姿《すがた》で、手にはホラー映画《えいが》で見るような大きな枝切《えだき》りバサミを持って現《あらわ》れたのです。思わず、一歩も二歩も退《しりぞ》いてしまいました。

一前さんは、すぐに気づいて、笑《わら》って謝《あやま》ってくれました。庭木の手入れをするところだったようです。

玄関の脇《わき》からつづく庭には、たくさんの木や草花が植わっていました。大学の教授《きょうじゅ》ということは知りませんでしたので、出《い》で立《た》ちと枝切《えだき》りバサミから、植木屋さん、もしくは、園芸が趣味《しゅみ》の変わったおじさんとしか思えませんでした。

次にお邪魔《じゃま》したときに、

「今、黄河《こうが》に行っているんです」

といって、アルバムを見せてくれました。黄河の三日月湖跡《みかづきこあと》の殺伐《さつばつ》とした風景《ふうけい》と知らない雑草《ざっそう》の写真ばかりです。塩分に強い草を日本から持っていって、植えたら育ったという話でした。一前《いちぜん》さんは、早口で、こちらが口を挟《はさ》む余裕《よゆう》さえありません。

それが自分の仕事で研究の一環《いっかん》なのだとでもいってくれれば、大学教授かもしれないと予測《よそく》がついたかもしれません。でも、話は草の話、黄河の話ばかり。夕焼《や》きの写真もそれらしいものばかりで、なるほどとうなずいているのが精一杯《せいいっぱい》

三日月湖跡の殺伐とした風景　© 一前宣

でした。そこに奥様《おくさま》が帰ってこられて、ようやく話がおわったのです。宇都宮《うつのみや》大学農学部の教授《きょうじゅ》と知ったのは、奥様から「興味《きょうみ》がありましたら」と送られてきた「栃木《とちぎ》科学・技術《ぎじゅつ》シンポジウム」の案内《あんない》からです。報告者《ほうこくしゃ》の中に、一前《いちぜん》さんの名前がありました。

シンポジウムのタイトルは、「アジアからの地球環境再生《かんきょうさいせい》への挑《ちょう》戦《せん》」です。会場は県庁《けんちょう》を前にした

「栃木県総合《そうごう》文化センター」で、コンサートなどでしか入ったことがありません。一前《いちぜん》さんがどんな話をするのか大いに関心《かんしん》をもった私は、会場に足を運びました。そこに集まった地球規模《きぼ》の問題を考える人たちの多さと真剣《しんけん》な表情《ひょうじょう》に私はただ驚《おどろ》くばかりでした。

広い会場の隅《すみ》に座《すわ》って、知事や大学学長の話を聞き、基調講演《きちょうこうえん》を聞いて、その後、一前教授《きょうじゅ》の報告《ほうこく》になりました。やはり植木屋さんではありませんでした。ご自宅で私に黄河《こうが》と草の話をしてくれたときのように早口で、「中国黄土《こうど》高原における緑の再生《さいせい》の試《こころ》み」について話されました。

でも、その報告《ほうこく》で私が理解《りかい》できた言葉は、「黄砂《こうさ》」と「砂漠化《さばくか》」だけだったのです。黄砂は春先に、車や家々の屋根をうっすらと黄色くさせるくらいに積もる土のようなものだとは知っていました。「砂漠化」は言葉どおりに、雨も降《ふ》らずに乾燥《かんそう》してしまった土地が、映像《えいぞう》や写真で見るような砂漠《さばく》になっていく程度《ていど》にしか理解できませんでした。

他人事で聞いていたのかもしれません。ただ、一前《いちぜん》さんの報告《ほうこく》のあと開かれたパネル討論会《とうろんかい》での次の言葉が気になりました。黄土《こうど》高原を調査《ちょうさ》した人の「ちょっとした雨で山崩《やまくず》れが起こった」という発言です。

日本でも大雨で山崩れが起きています。しかし、砂漠化が起きているという話は聞いたことがありません。黄土高原というところはどんなところなのでしょう。「地球規模《きぼ》で進んでいる砂漠化」という言葉が、呪文《じゅもん》のように胸《むね》に残りました。

黄砂《こうさ》を見れば、「地球規模で進んでいる砂漠化」という言葉がよみがえってきます。黄砂についていろいろ知りたいと思いました。黄砂の実体とはなんなのでしょう。

シンポジウムで入手したいくつかの資料《しりょう》によれば、「黄砂《こうさ》」とはおよそ次のような気象現象でした。

黄砂は、砂塵《さじん》の元になる土壌《どじょう》の状態《じょうたい》、砂塵を運ぶ気流など、大地や大気の条件《じょうけん》が整うと発生すると考えられています。発生の頻度《ひんど》には季節性《きせつせい》があり、春はそういった条件が整いやすいことから頻繁《ひんぱん》に発生し、比較的《ひかくてき》遠くまで運ばれる傾向《けいこう》にあるそうです。

ただ、春に頻度が極端《きょくたん》に多いだけであり、それ以外の季節でも発生しているようです。

発生地に近づくほど被害《ひがい》は大きくなり、田畑や人家が砂《すな》に覆《おお》われたり、周囲《しゅうい》の見通し（視程《してい》）や日照《にっしょう》を悪化させたり、交通に障害《しょうがい》を与《あた》えたり、人間や家畜《かちく》などが砂塵を吸《す》い込《こ》んで健康《けんこう》に悪影響《あくえいきょう》を与えたりするなど、多数の被害が発生しています。海を隔《へだ》てた日本でも、黄砂《こうさ》の季節になると建物《たてもの》や野外の洗濯物《せんたくもの》・車などが汚《よご》れるといった被害《ひがい》が報告《ほうこく》されています。東アジア全体での経済的損失《けいざいてきそんしつ》は、日本円に換算《かんさん》して毎年七〇〇〇億円を超《こ》えるそうです。

資料《しりょう》には、中国北西部で近年発生した大きな被害を出した「黄砂」のことも出ていました。四六〇〇本もの電柱が倒れるほどの強風で大量の「黄砂」が舞《ま》い、死者・行方《ゆくえ》不明者一一二人、負傷者《ふしょうしゃ》三八六人、家畜《かちく》の死亡《しぼう》・行方不明が四八万頭以上あったとのこと。また、死者のほとんどが学校から帰宅途中《きたくとちゅう》の子どもだったともありました。痛《いた》ましい災害《さいがい》も黄砂が引き起こしているということに驚《おどろ》きました。

日本では春先の天気予報《よほう》に出てきて、洗濯物の汚れに注意しましょうと呼《よ》びかける程度《ていど》のことしか報道《ほうどう》されない黄砂ですが、発生地に近い中国北西部では大変な災害《さいがい》を引き起こしていることが分かりました。

海を隔《へだ》てた日本にまで飛《と》んでくる黄砂《こうさ》の粒《つぶ》が小さいことは、車の屋根などに積もった土のさらさら感からも実感できます。

黄砂は〇・〇〇一ミリメートルから〇・五ミリメートルの大きさがあるということです。日本に飛んでくるのは〇・〇〇四ミリメートル程度《ていど》でした。〇・五ミリメートルほどの大きい粒の黄砂は発生地近くで災害を起こし、小さい粒は日本にまで飛んできます。

一前《いちぜん》さんは「中国黄土《こうど》高原における緑の再生《さいせい》の試み」という話の中で「砂漠化《さばくか》の現状《げんじょう》」についても語っていました。

黄土高原というところはどんなところでしょう。日本にいる私《わたし》が、高原という言葉から思い浮かべるのは、軽井沢《かるいざわ》高原、美ケ原《うつくしがはら》高原、那須《なす》高原などで、夏

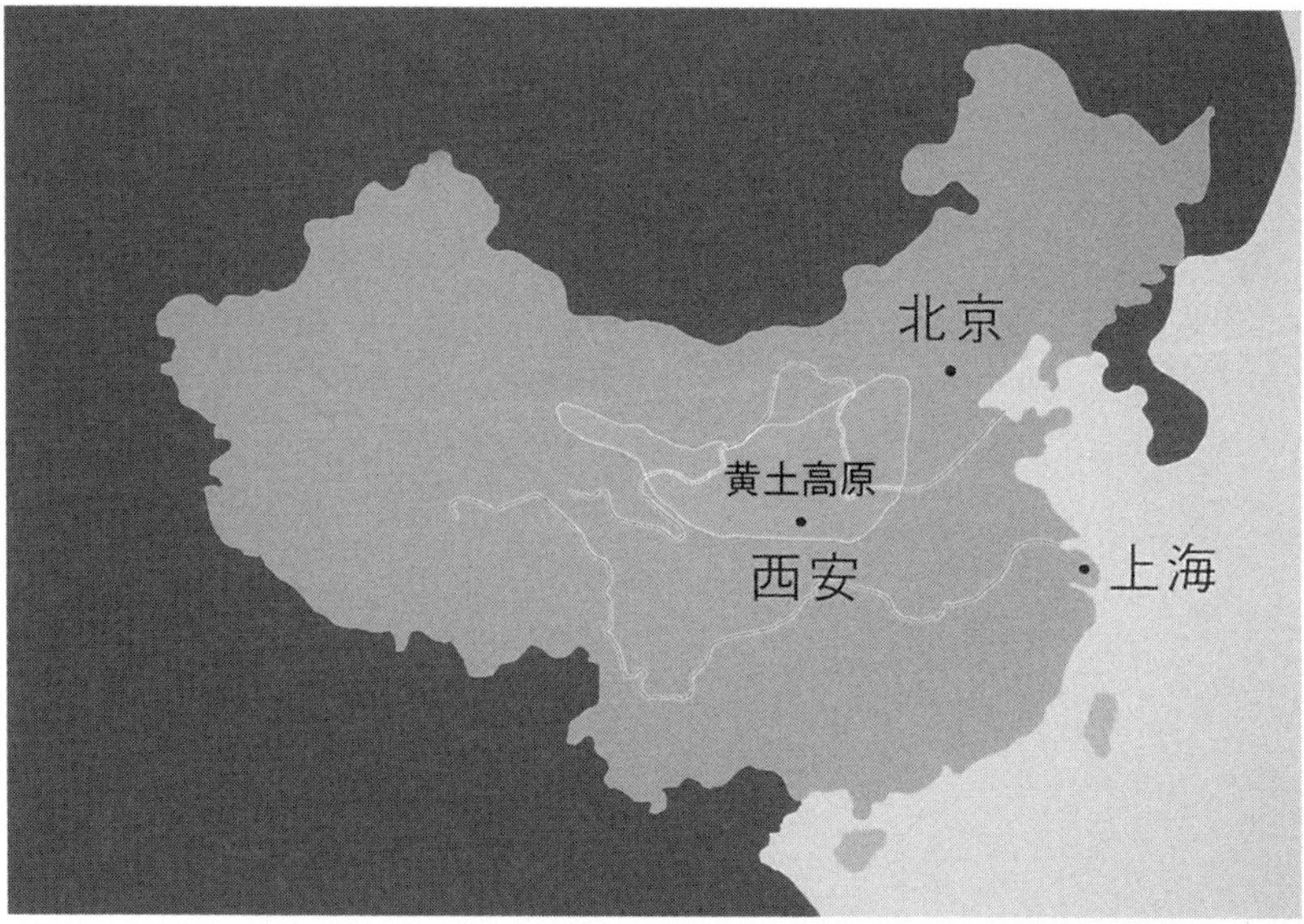

『黄砂への挑戦〜雑草で中国黄土高原の緑化を図る』（一前宣正著・全国農村教育協会刊）より

涼《すず》しく、林や草原のあるところです。あるいは、高原野菜《やさい》を作っている畑が広がっている、広い牧場のあるところです。

「中学校社会科地図」で、黄土《こうど》高原の名前を見つけました。黄河《こうが》の上流から中流域《ちゅうりゅういき》に広がる五八万平方キロメートル、日本の総面積《そうめんせき》の一・五倍もある高原です。

資料《しりょう》を見て黄土高原の名前の「黄土」の意味もわかりました。砂漠《さばく》から風で飛《と》ばされてきた淡黄色《たんおうしょく》の土だったのです。その土が積《つ》もった高原が黄土高《こうど》原でした。黄土は、私《わたし》たちが絵の具やクレヨンで使っている、あの「おうどいろ」だということにも驚《おどろ》きました。

黄砂《こうさ》は、黄土のうちの粒子《りゅうし》の小さいもので、風で上空にまで巻《ま》き上げられて、また風に運ばれて通り道になった地域《ちいき》に降《ふ》りつもっているのです。日本にまで来る黄砂は、上空を流れる偏西風《へんせいふう》に乗ってやってきます。

黄土高原は、文明が生まれて数千年の間に起きた戦《たたか》いや森林伐採《ばっさい》、開墾《かいこん》、家《か》畜《ちく》の放牧で、植物が育たなくなってしまったと書いてありました。そのようなことから、砂漠化《さばくか》が進んだようです。

「中学校社会科地図」を見ると、黄土高原にはいくつかの都市がありました。また疑問《ぎもん》がわいてきました。都市とはもともと人々の集まるところのはずです。そんな都市のあるところが砂漠化《さばくか》しているのでしょうか。

黄土《こうど》高原の代表的な都市として、延安《えんあん》、銀川《ぎんせん》、西安《せいあん》（長安《ちょうあん》）、蘭州《らんしゅう》がありま す。西安の下に、（長安）とあるのは、日本ではなじみのある名前だからでしょ う。

長安は、中国の古都で、漢《かん》の時代に長安と命名され、前漢《ぜんかん》、北周《ほくしゅう》、隋《ずい》などの時代を通じて栄《さか》えた都市でした。唐《とう》の時代には大帝国《だいていこく》の首都として世界最大の都市になりました。現在は西安とよばれています。

日本でも平城京《へいじょうきょう》や平安京は長安に倣《なら》ったと考えられています。

ほかにも黄土高原には、ユネスコの世界遺産《いさん》（文化遺産《ぶんかいさん》）で、新・世界の七不思議にも選ばれている万里《ばんり》の長城《ちょうじょう》も含《ふく》まれていました。また、世界八大奇跡《きせき》の一つといわれている兵馬俑《へいばよう》もありました。

歴史《れきし》もあり、現在《げんざい》も昔も都市があって、多くの人が生活していることを知ると、そんな黄土《こうど》高原でどうして黄砂《こうさ》が発生するのか、ますます不思議《ふしぎ》に思えてきました。

一前《いちぜん》さんの「中国黄土高原における緑の再生《さいせい》の試み」という報告《ほうこく》は、砂漠化《さばくか》を抑《おさ》えようとする研究の、途中《とちゅう》経過《けいか》報告でした。一前さんは「黄土高原緑化日中プロジェクト」の主要なメンバーの一人だったのです。

一九八八年、田村三郎《たむらさぶろう》東京大学名誉《めいよ》教授《きょうじゅ》の呼《よ》びかけで、「黄土高原緑化日中プロジェクト」が始まりました。当時の文部省（現《げん》文部科学省）から、科学研究費の援助《えんじょ》を受けて、日本各地の大学や、中国科学院の研究者たち五十数名が、参加したプロジェクトです。

研究者たちはそれぞれの分野の専門家《せんもんか》たちです。作物、雑草《ざっそう》、飼料《しりょう》、家畜《かちく》、造林《ぞうりん》、成分分析《ぶんせき》、土壌《どじょう》、気象《きしょう》、物理、化学などのプロフェッショナルが集まりました。

プロジェクトの目的は、中国黄土《こうど》高原に草や木の緑を回復《かいふく》させ、植物の力を借りて、黄砂《こうさ》の飛散《ひさん》を抑《おさ》えることでした。中国の言い方ですと、「水土保持《ほじ》」という言葉になります。土壌の浸食《しんしょく》と流出、そして砂漠化《さばくか》を抑える研究プロジェクトです。

一前《いちぜん》さんは、竹松哲夫《たけまつてつお》宇都宮《うつのみや》大学雑草《ざっそう》科学研究センター長といっしょに、砂漠化をおさえる雑草の発見を目指して参加《さんか》しました。

研究者たちが向かった試験地は、黄土高原の中央部にあたる寧夏回族《ねいかかいぞく》自治区固《こ》原県《げん》と陝西《せんせい》省安塞《あんさい》県の丘陵《きゅうりょう》地《ち》でした。

試験地は年間降水量《こうすいりょう》三〇〇～五〇〇ミリの半乾燥地《かんそうち》です。夏の気温は三〇度以下ですが、標高《ひょうこう》一〇〇〇メートル以上の高原ですので、冬はマイナス三〇度以下になります。

また、黄土《こうど》高原は黄河《こうが》流域《りゅういき》にあるにもかかわらず、科学者たちが危惧《きぐ》するほど乾燥《かんそう》の進む地域《ちいき》です。世界でも有数の半乾燥地帯であるともいわれています。

地表は乾燥しやすい黄土でおおわれ、強風が吹くたびに黄土は巻《ま》き上げられ、黄砂《こうさ》となって空中に浮遊《ふゆう》し始めます。浮遊していた黄砂は偏西風《へんせいふう》などによって、東へと運ばれ、通過《つうか》する地域《ちいき》に降ってくるのです。

その黄砂の原因《げんいん》になっている黄土でおおわれた黄土高原を緑化するのが、緑化プロジェクトの本来の目的でした。しかし、現地《げんち》で研究に取《と》り掛《か》かろうとしたとき、プロジェクトに参加した日本人研究者たちは、そこに住む人々の生活の貧《まず》し

陝西省安塞県。上は黄砂の少ない日。下は黄砂が舞い上がっている。　© 一前宣正

さが気になりました。
そこで、研究者たちは、人々の生活向上の結果として、緑が回復《かいふく》し、黄砂《こうさ》もおさえてこそ、プロジェクト本来の目的が達成できるという考えに行き着きました。

参考資料：「環境省　黄砂問題検討会中間報告書」（環境省水・大気環境局）
「森林技術　№７７８」（一般社団法人日本森林技術協会）

第1章　雑草《ざっそう》おじさん

一前《いちぜん》さんは一九四二年に富山《とやま》県西砺波《にしとなみ》郡福光《ふくみつ》町（現南砺市《げんなんとし》）に生まれました。

とにかく山が好《す》きで、

「夏休みなんか、ほとんど毎日」

というくらい山に登っていました。時間さえあれば、石川県との県境《けんざかい》にある医《い》王山《おうぜん》（九三九メートル）に登っていたといいます。

医王山は日本三百名山の一つで、薬草が多いことからこの名前が付いたそうです。石川《いしかわ》県立自然公園にも指定されていて、トレッキングの名所でもあります。また、新・花の百名山にも選定《せんてい》されています。

奥医王山《おくいおうぜん》の頂上《ちょうじょう》には三角点（地図を作るために必要《ひつよう》な位置《いち》を示《しめ》す点・石）が設置《せっち》されています。しかも、医王山は一等三角点で、全国に一〇〇〇箇所《かしょ》もない、重要《じゅうよう》な三角点です。三角点は四等まであって、合わせると全国に一〇万箇所もあります。

医王山登山を続けているときに、一前《いちぜん》さんが覚えた草木の名前は一五〇〇種以上《いじょう》あるそうです。私《わたし》たちが、覚《おぼ》えている植物の名前を考えると想像《そうぞう》できない数字ですね。

一前さんには覚えるコツがありました。まずは、「種《しゅ》（属名《ぞくめい》＋種小名）」（学名）をきちんと覚えてしまうことでした。

学名は世界共通の名称《めいしょう》でラテン語ですが、一前《いちぜん》さんが愛用《あいよう》した図鑑《ずかん》には、日本語で訳《やく》された特徴《とくちょう》が書いてありました。例《たと》えば、「無毛《むもう》の」「しわがある」とか「短い」「とげがある」などの言葉が付いています。地名や国名まで使われることがあります。

学名を知ると、名前の由来までわかります。キンモクセイは「モクセイ科モクセイ属《ぞく》キンモクセイ」になります。花にいい香《かお》りがあるという意味が学名にはあります。いろんなことを知っていくと、実際《じっさい》に出会った植物が、より愛《いと》おしく思えてくるでしょう。

「種《しゅ》」名を知ってしまえば、分厚《ぶあつ》い図鑑でも簡単《かんたん》に調べられること。そして○○科であるとわかれば、よく似《に》ている植物の名前も覚《おぼ》えられるということです。朝顔は「ヒルガオ科・サツマイモ属《ぞく》」に分類されています。ヒルガオ（昼顔）とアサガオ（朝顔）が、サツマイモの仲間《なかま》とはおもしろいですね。

一前《いちぜん》さんの小学校中学校時代は戦後《せんご》間もなくで、物のない時代でした。山や川に行っては魚を獲《と》ったり、木の実を取ったりしていたそうです。食べ物もなかった時代です。魚はご飯のおかずになりました。木の実はおやつです。

山には食べられる木の実がたくさんありました。桑《くわ》の実、木苺《きいちご》、ヤマボウシの実、栗《くり》、ブナの実などを採《と》って食べていましたが、一番おいしかったのはマテバシイの実でした。香《こう》ばしい味だそうです。

また、山でのアルバイトがありました。きれいに紅葉《こうよう》したモミジなどの落ち葉を買い取ってくれる人がいたそうです。何になるのかわかりませんでしたが、東京のほうに送られて行ったことだけは覚えていました。きっと高級料亭《りょうてい》などで使われていたはずです。

今でも忘《わす》れないほど、いいアルバイトでした。そんなこともあって、山歩きはよけいに楽しいものになっていきました。

山へ行くのに段々畑《だんだんばたけ》を通って行きました。段々畑の端《はし》にはため池があります。そこでシジミが採《と》れたのです。家族にも喜ばれて、いつも採って持ち帰っていたそうです。それで、なんと、大人になるまで、シジミは山で採れるものと思っていました。

家の近くを流れる小矢部川《おやべがわ》で、魚も獲《と》りました。ご飯のおかずになりますから、家族をがっかりさせないように、確実《かくじつ》に獲る仕掛《しか》けを使いました。桶《おけ》に布《ぬの》を張《は》り、米ぬかを入れて沈《しず》めておくと、必《かなら》ず小バヤが獲れたのです。

一前《いちぜん》さんの極《きわ》めつきのエピソードは、草オタクだった中学一年生のときにありました。

中学校では生徒たち全員が、何かの部活動に参加するよう指導《しどう》されます。野球が好きだった一前《いちぜん》少年は、野球部に入部しました。ところが、その翌日《よくじつ》、小学生時代の山仲間から、

「明日、山へ行こう」

と誘《さそ》われます。

野球と山歩きを比《くら》べたら、山歩きのほうが好《す》きな一前少年は迷《まよ》うことなく、三日間で野球部を退部《たいぶ》してしまいました。

山には、日ごとに時間ごとに変わる植物たちの風景があります。新芽《しんめ》が出て、力強く成長していって、花が咲《さ》いて、葉が茂《しげ》り、実をつけます。新緑と紅葉《こうよう》に見とれることもあったでしょう。初冬の枯《か》れて落ちる葉の様子も絵になります。枯

れ葉が風に舞《ま》う冬の音も、山の中一杯《いっぱい》に舞い落ちる枯《か》れ葉の光景も、空にまで飛《と》んでいく様にも感激《かんげき》したのだといいます。

　初めて出会う植物もありました。その出会いの感動はどんなものだったでしょう。一前《いちぜん》少年はきっと、何時間もその場を離《はな》れられなかったのではないでしょうか。そんな喜《よろこ》びは何ものにもかえがたかったのでしょう。野球部を三日で退部《たいぶ》したことが理解《りかい》できます。

　自然の中に居場所《いばしょ》を見つけた一前少年にとっては、植物とのふれあいのほうが、野球よりも大切だったのです。以後、一前少年は解《と》き放《はな》たれたかのように、山に出かけるようになりました。

　戦後《せんご》間もない時代には、教員の資格《しかく》を持たない代用教員の先生が多かったそうです。一前さんもあとから知ったことですが、代用教員の絵の先生に、のちに世界的にも有名になる板画家《はんがか》の棟方志功《むなかたしこう》さんがおられたそうです。お寺に住んでいたといいますから、疎開《そかい》で来ていたのかもしれません。棟方志功さんの息子《むすこ》さんとはクラスメートでした。すごく速く絵を描《か》く美術《びじゅつ》の先生だったそうです。

草木に興味《きょうみ》を持った一前《いちぜん》さんは大学で農学部《のうがくぶ》に進みます。そこでは、雑草《ざっそう》を駆除《くじょ》する除草剤《じょそうざい》の研究をしました。

でも、やはり雑草オタクでした。学生時代、栃木《とちぎ》県内の野山を駆《か》け巡《めぐ》り、雑草の生活環境《かんきょう》を調べ、今度は正式な学名（ラテン語名）を覚《おぼ》えました。研究室の竹松《たけまつ》先生から借りた雑草図鑑《ずかん》を皮切りに、図書館の図鑑を借りまくり、名前を覚えていきました。

研究者として大学に残《のこ》ってからは、アメリカやヨーロッパに出かけて、雑草の調査《ちょうさ》をして、各国の雑草図鑑《ざっそうずかん》を集めました。この研究から、『世界の雑草』全三巻《かん》（共著・全国農村教育協会刊）をまとめることができました。

プロジェクトに参加《さんか》するまでの一前《いちぜん》さんは、

「作物だけ育てばいい」

と考えていたそうです。雑草が枯《か》れてくれれば、除草剤《じょそうざい》の研究として成果《せいか》があげられます。除草剤の研究をしていたのですから、無理《むり》もありません。雑草の強さも、研究の中で知らされていました。

でも、育っている雑草は好《す》きでした。除草剤の役目を果たす雑草も調査していました。田んぼの雑草でオモダカという草があります。オモダカはイネ以上の高さに育ちません。はびこっても、イネの害にはならないどころか、他の雑草が育つのをおさえてくれます。

一前《いちぜん》さんは、自分でも「雑草屋《ざっそうや》」といっているくらい、雑草のことなら何でも知っている「雑草おじさん」です。好きな雑草に役立ってもらえることを考えたら、遠い中国の黄土《こうど》高原に行くことなど、なんでもありませんでした。

「君、黄土高原に行って頑張《がんば》りたまえ」

竹松《たけまつ》先生の、その一言で、プロジェクトのメンバーになったそうです。

こうして、一前さんはプロジェクトのメンバーとして、黄砂《こうさ》を発生させる黄土高原に向かいました。一九八八年のことです。それから四半世紀、黄土高原の緑化の研究に取り組んできました。

一前さんの雑草に対する考え方は、とても謙虚《けんきょ》なものでした。雑草を人間の立場で決め付けてはいけないといっています。草はもともと氷河期《ひょうがき》の厳《きび》しい環境《かんきょう》

水田にはえるオモダカ

条件《じょうけん》に適応《てきおう》して生き延《の》びた植物たちなのです。農業《のうぎょう》が始まって、作物を作るようになって、人間の都合《つごう》で作物以外《いがい》の草を邪魔物扱《じゃまものあつか》いにし始めてから、雑草《ざっそう》と呼《よ》ばれるようになりました。

ですから、人の手が入っていないところに生《は》えているものは、野草や草と呼ばれています。また雑草も、生えた場所によって「耕地《こうち》雑草」とか、「路傍《ろぼう》雑草」と呼ばれます。田んぼの中やイネに混《ま》じって生えてくるのは「耕地雑草《こうちざっそう》」です。田んぼで作ろうとしていた作物の品種と違《ちが》う、別の品種も「耕地雑草」になってしまいます。たとえば、コシヒカリという品種を作ろうとしていた田んぼに生《は》えたササニシキは、耕地雑草になります。

「路傍雑草《ろぼう》」は漢字のとおりで道ばたの草です。すぐ思《おも》い浮《う》かぶ草にオオバコがあります。踏《ふ》まれても、踏まれても立ち直って実をつけるイメージがありますよね。

でも、雑草は人間の暮《く》らしとは関係《かんけい》なく、地球の歴史的《れきしてき》な産物（氷河期《ひょうがき》を生き抜《ぬ》いた）です。その後、人間の営《いとな》みとしての農業《のうぎょう》や、宅地造成《たくちぞうせい》などでいらないものとされてしまいました。人間の生き方と考え方が雑草に大きな影響《えいきょう》を与《あた》え続けている、と一前《いちぜん》さんはいっています。

高温多雨の温帯地域《おんたいちいき》や熱帯地域《ねったいちいき》では、どこにでも生《は》えてきて育ってしまう草と、食料や商品として価値《かち》のある作物を区別しています。しかし、雨の少ない亜寒帯《あかんたい》地域や乾燥《かんそう》地域に行くと、雑草《ざっそう》とは呼《よ》ばれません。植物が自《みずか》ら生えることもなく、生えても育ちにくい地域では、草そのものが貴重《きちょう》だからです。

また、同じ温帯地域でも、違《ちが》いがあります。同じ植物であっても、雑草と呼ばれたり呼ばれなかったりします。日本ではどこでも見ることができる、タケニグサという背丈《せたけ》の大きい草があります。日本では雑草とされています。でも、中部ヨーロッパでは、観葉《かんよう》植物としてもてはやされています。高い背丈、灰色《はいいろ》がかった薄緑《うすみどり》の大きな葉のタケニグサは存在感《そんざいかん》があります。

一前《いちぜん》さんの話を聞いて、タケニグサを鉢植《はちう》えにして、家の中で育ててみようかと思いました。

タケニグサ

日本で、空き地などにはびこって嫌《きら》われていた雑草《ざっそう》に、セイタカアワダチソウがあります。でもアメリカのアラバマ州では「州の花」です。もともとはやはり鑑賞用《かんしょうよう》の切り花として日本に入ってきた植物なのですが、繁殖力《はんしょくりょく》が強くて、川原や空き地を埋《う》め尽《つ》くしました。また、花粉症《かふんしょう》の原因《げんいん》ともいわれて、一時期害のある草とされていました。

セイタカアワダチソウ

しかし、セイタカアワダチソウの花粉《かふん》は虫によって運ばれることがわかり、花《か》粉症《ふんしょう》の犯人《はんにん》ではなくなりました。真犯人はブタクサでした。また、自然に繁殖《はんしょく》力《りょく》を弱める性質《せいしつ》を持っていて、一時セイタカアワダチソウに駆逐《くちく》されたススキなどがよみがえりつつあります。よって、風景《ふうけい》も数十年前と変わってきています。

興味《きょうみ》深い話ばかりです。

歴史《れきし》につながる内容《ないよう》にまで及《およ》びました。人々の生きた年代によっても、雑草《ざっそう》の種類が変わってくるのです。でも、人間が農耕《のうこう》を始める前には雑草という言葉はありませんでした。ただ「草」と呼《よ》ばれていただけです。

「万葉集」では山上憶良《やまのうえのおくら》が秋の七草を詠《よ》んでいます。ハギ、ススキ、クズ、ナデシコ、オミナエシ、フジバカマ、キキョウがそうです。今では、十五夜、十三夜の時期になると、花屋さんの店先に並《なら》びます。

たくさんの古典文学に植物が登場します。「源氏《げんじ》物語」、「枕草子《まくらのそうし》」、「古今《こきん》和歌集」、「徒然草《つれづれぐさ》」、「方丈記《ほうじょうき》」にも出てきます。

ちなみに、「春の七草」は、「せり、なずな、おぎょう（ホウコグサ・母子草）、はこべら（ハコベ）、ほとけのざ（タビラコ）、すずな（カブ）、すずしろ（ダイコン）、これぞ七草」（『植物の図鑑』本田正次著・小学館）といわれています。一月七日に食べる「七草がゆ」に入れる野菜です。

ナデシコは、川原に咲《さ》いていた「河原撫子《かわらなでしこ》」の別名で、「ヤマトナデシコ」とも呼《よ》ばれています。大和《やまと》（元明天皇《げんめいてんのう》当時）の国名と、撫《な》でるように可愛《かわい》い子、愛《いと》しい子の「撫子」を合わせて「大和撫子」の名前になりました。

「枕草子」の「草」のところにも、しみじみとした味わいのある草として、ショウブ、マコモ、ノキシノブ、チガヤ、ヨモギ、クズ、ナズナなどが挙《あ》げられています。

ショウブは子どもの日（端午《たんご》の節句《せっく》）に飾《かざ》られたり、お風呂《ふろ》に入れたりします。マコモは実と若芽《わかめ》が食用になり、ムシロにもなります。チガヤは編《あ》まれてゴザになります。クズはくずもち、ヨモギは草もちに入っていますよね。

平安時代の末期から鎌倉《かまくら》時代初期に描《えが》かれ、漫画《まんが》の始まりだといわれている「鳥獣戯画《ちょうじゅうぎが》」にも秋の七草が出てきます。はぎの花（ハギ）、おばな（ススキ）、くず花（クズ）、なでしこの花、おみなえし、ふじばかま、あさがおの花（キキョウ）です。ススキが揺《ゆ》れる様子が幽霊《ゆうれい》のように見えるので、「幽霊の正体見たり枯《か》れ尾花《おばな》（ススキ）」などと、昔からいわれています。

雑草《ざっそう》は建築《けんちく》の分野にまで影響《えいきょう》を与《あた》えています。世界遺産《いさん》にも登録されたスペ

ススキ

インのカトリック教会サグラダ・ファミリアで有名な建築家《けんちくか》アントニ・ガウディは、「美しい形は構造的《こうぞうてき》に安定している。構造は自然から学ばなければいけない」といっています。これは、ガウディが幼少《ようしょう》時代にバルセロナ郊《こう》外《がい》の村で過《す》ごし、道ばたの草花や小さな生き物たちと触《ふ》れ合《あ》った体験から生まれた発想だそうです。

建築に関したものといえば、現在《げんざい》でも残っている、カヤぶきやわらぶきの屋根があります。屋根のために、その地域《ちいき》や村でカヤやススキ専用《せんよう》の萱場《かやば》を持っていました。「萱場」は地名としても残《のこ》っています。

人間を病気から救《すく》い続《つづ》けてくれた漢方薬《かんぽうやく》も雑草《ざっそう》から生まれました。サントニンという、回虫駆除用《かいちゅうくじょよう》に使われていた薬は、シナヨモギの花から抽出《ちゅうしゅつ》したものです。シナヨモギはヨモギ科の雑草です。ヨモギは草もちに使われる私たちになじみのある草です。

メントールという鎮痛剤《ちんつうざい》も、野山にあったハッカという雑草に多く含《ふく》まれています。メントールは、ミント（ハッカ）の成分なので、味や香《かお》りは想像《そうぞう》できることでしょう。

このように人間は文学や哲学《てつがく》、美術《びじゅつ》、建築《けんちく》、医療《いりょう》など多くの活動で、雑草から学んだり、恩恵《おんけい》を受けています。これからも雑草に学んで、人間としていかに生きるべきかを考えなければならないと、一前《いちぜん》さんは語っています。

また、人間の命を支《ささ》えるのも雑草《ざっそう》です。酸素《さんそ》は植物の光合成で作られます。気温や湿度《しつど》の調整もしています。猛暑日《もうしょび》の続《つづ》く夏も、林や草原を歩けばわかります。アスファルトとビルの街《まち》の気温とは比《くら》べものにならないほど涼《すず》しいのは植物のおかげです。

動物や昆虫《こんちゅう》、微生物《びせいぶつ》を育てているのも雑草です。食物連鎖《しょくもつれんさ》という、理科の授業《じゅぎょう》で勉強する言葉があります。雑草の葉をバッタが食べ、バッタは大きな昆虫カマキリに食べられます。カマキリは小鳥に食べられます。小鳥を食べるのは大型の鳥です。ハヤブサやオオタカがそうです。これが陸上の生物の食物連鎖です。ピラミッドの形に積《つ》み上げていくと、底辺《ていへん》に雑草があるのがわかります。

水中でも同じです。植物プランクトン↓動物プランクトン↓イワシなどの小魚

休耕田の雑草

↓カツオやマグロ↓イルカ↓シャチなどと「食べる、食べられる」の鎖《くさり》はつながっていきます。

そして、根を張って、土砂《どしゃ》や水の流出を抑《おさ》えてくれるのも雑草《ざっそう》なのです。何よりも地中に雨水を貯《た》めてくれます。

一前《いちぜん》さんは、黄土《こうど》高原で発生する黄砂《こうさ》を抑《おさ》える働《はたら》きをしてくれるのが、雑草だと考えて、雑草の力に期待しました。

第2章　黄色い河《かわ》

一前《いちぜん》さんたちは黄砂《こうさ》の発生地の黄土《こうど》高原を目指しました。

大昔、タクラマカン砂漠《さばく》とその周辺から舞《ま》い上がった黄土が、黄土高原に積もりました。ここまでは自然現象《げんしょう》です。

その後、二〇〇〇年の間に黄土高原は、森林伐採《ばっさい》と草原開墾《かいこん》が行われました。人間の生活のために、森林を伐採し、丘陵地《きゅうりょうち》の頂上《ちょうじょう》付近まで耕作《こうさく》して、段々畑《だんだんばたけ》を造《つく》りました。これは人為的現象《じんいてきげんしょう》です。

耕《たがや》された畑と、風をさえぎるものがない、平坦《へいたん》な土地の黄土《こうど》はより風に飛ばされやすくなります。そこに、強い偏西風《へんせいふう》が吹《ふ》きます。黄土は黄砂《こうさ》になって、ときには砂嵐《すなあらし》になり、激《はげ》しく飛散していくようになりました。

また、黄土には困《こま》った性質《せいしつ》があります。少ない雨量を土地に浸透《しんとう》させ、水を地中に蓄《たくわ》える働きがありません。雨水といっしょに黄土も流れてしまいます。流れた黄土はそのまま、中国で二番目に長い黄河《こうが》へ流《なが》れ込《こ》みます。黄土高原の土《ど》壌《じょう》は、川に流れ、空へと飛び去ってしまうのです。

黄色い河《かわ》と書いて黄河と呼《よ》ばれます。なぜ黄色い河なのか、黄色い土、黄土が流れ込んで黄色く濁《にご》ったからなのでしょう。実際《じっさい》は他の土砂《どしゃ》も流れ込んでいるので、いつも濁っています。

黄河は水源からほぼ南方に向かって流れ、洛陽《らくよう》と西安《せいあん》の中間あたりで東に向きを変え、渤海湾《ぼっかいわん》に流れ込みます。その間に土壌《どじょう》流出の激《はげ》しい黄土《こうど》高原を通ります。

黄河《こうが》を濁流《だくりゅう》にする黄土、そしてさまざまな被害《ひがい》をもたらす黄砂《こうさ》をどうしたらおさえられるのか。一前《いちぜん》さんたちは、黄砂の発生地でもあり、数千年前は緑豊《みどりゆた》かな土地であったという、中国科学院の西北水土保持《ほじ》研究所のある試験地に向かいました。

まずは人為的現象《じんいてきげんしょう》で半乾燥地《はんかんそうち》になった地域《ちいき》の緑を、復活《ふっかつ》させようと考えました。

一前さんや初代研究センター長の竹松哲夫《たけまつてつお》教授《きょうじゅ》、小笠原勝《おがさわらまさる》教授、西尾孝佳《にしおたかよし》教授たち「黄土高原緑化日中共同プロジェクト」の日本チームは、一般的《いっぱんてき》に植物が

集中豪雨で流された黄土　© 一前宣正

濁流になった黄河　© 一前宣正

芽《め》を出す、春から夏に向かう五月末から六月にかけて日本を出発しました。

一前《いちぜん》さんたちはまず、トルファンに向かいました。砂漠化《さばくか》がどのように進んでいるか確《たし》かめるためです。日本から北京《ぺきん》まで飛行機で行き、北京で小型機に乗りかえ、銀川《ぎんせん》まで行くことができました。

でも黄砂《こうさ》が来ると途中《とちゅう》の大同《だいどう》空港に降《お》りて、何日間も待機しなければなりません。そんなことが何度かありました。

銀川から西安《せいあん》までは車です。今は高速道路が通っていますが、以前は峠越《とうげご》えの悪道を二〇時間もかけて行ったことがありました。交通事故《じこ》に巻《ま》き込《こ》まれると、車内に泊《と》まることになります。

タイヤが外《はず》れて転がって行ってしまったこともありました。タイヤがパンクしてもスペアタイヤが積《つ》んでなくて、走れなくなったこともあります。タイヤを留《と》

タイヤが外れてしまった車　© 一前宣正

めるボルトが六本のうち四本も折《お》れたのに、一〇〇キロも走ったことさえありました。

西安《せいあん》からまた飛行機《ひこうき》に乗り、二時間半かけて敦煌《とんこう》を目指しました。そこからトルファンへはまた車で行かなければなりません。現在《げんざい》は一二時間くらいで行けますが、当時は三日も四日もかかる大移動《だいいどう》だったそうです。北京《ぺきん》からは五〇〇〇キロの旅です。

西安で飛行機に乗れても、砂嵐《すなあらし》にあったりすると、途中《とちゅう》の空港で降《お》ろされて何日も足止めを食うこともあります。飛行機を停《と》めてしまうほど、黄砂《こうさ》の砂嵐《すなあらし》は激《はげ》しいのです。

北京《ぺきん》もそうでしたが、黄土《こうど》高原に向かう行程《こうてい》はすべて、黄砂の通り道でした。風が吹《ふ》くと目を開けていられないほどの黄砂が舞《ま》います。今、北京は、一日でも早く黄砂を止める手立てをしないと、これから三〇年くらいで、首都を移《うつ》す遷都《せんと》をしなければならないという話まででています。

北京は、黄土高原の東端《とうたん》で砂漠化《さばくか》が始まっている大同市《だいどうし》から、二〇〇キロメートルも離《はな》れていません。しかも北京は、大同市と同じように黄土高原の東側《ひがしがわ》ですから、偏西風《へんせいふう》の通り道です。日本や朝鮮《ちょうせん》半島に降《ふ》る黄砂とは比《くら》べものにならないほどの、大粒《おおつぶ》の黄砂が降ってくる距離《きょり》にあるということです。

最近《さいきん》、北京では水不足解消《かいしょう》のために、黄河《こうが》から水を引くための運河《うんが》を作りました。北京も土地の乾燥化《かんそうか》に悩《なや》んでいる都市です。

玉門関付近　© 一前宣正

黄土《こうど》高原の西の端《はし》には、玉門関《ぎょくもんかん》という唐《とう》の時代に詩人たちにも歌われた歴史的に有名な関所《せきしょ》がありました。西に楼蘭《ろうらん》、東に敦煌《とんこう》が栄えていた時代です。楼蘭も敦煌もシルクロードに出てくる有名な都市ですが、今は砂漠《さばく》に埋《う》もれてしまっています。

また、黄土高原の北端《ほくたん》には、カシミヤヤギで有名だった「緑のオルドス」と呼《よ》ばれた草原地帯がありました。現《げん》在《ざい》のオルドス市です。一〇〇万人都市を目指して近代的《きんだいてき》な市街地《しがいち》が造《つく》られました。しかし、現在《げんざい》に至《いた》っても、住居《じゅうきょ》も文化施設《しせつ》も整っている近代都市の人口は三万人以上に増《ふ》えていません。ゴーストタウンとも呼《よ》ばれています。草原がなくなり、ムウス砂漠《さばく》とクブチ砂漠が広がり始めました。近代都市はその中で廃墟《はいきょ》になっています。

一前《いちぜん》さんは、砂漠化の進行の速さに驚《おどろ》きました。一日でも早い砂漠化防止策《ぼうしさく》を講《こう》じなければなりません。

黄土《こうど》高原の寧夏回族《ねいかかいぞく》自治区には段々畑《だんだんばたけ》の風景《ふうけい》が見られます。日本の私《わたし》たちが想像《そうぞう》する段々畑は緑豊《みどりゆた》かな野菜畑や茶畑、果樹園《かじゅえん》ですが、黄土高原では種まきの前に降《ふ》った雨の量で、その年に作る作物の種類を決めています。雨の多い年にはコムギなどが作れますが、雨の少ない年にはコウリャン、キビ、アワ、ヒエな

黄土高原に広がる段々畑　© 一前宣正

どが作られます。しかも収穫量《しゅうかくりょう》はわずかです。

しかし、二〇〇〇年前の漢の時代は、森と草原が広がっていました。それどころか、三五〇〇年前にはアジア象や大型《おおがた》動物までいたそうです。

その漢の時代に爆発的《ばくはつてき》な人口増加《ぞうか》が始まります。西安《せいあん》の都から長城《ちょうじょう》（万《ばん》里《り》の長城）に向けて、広い道路が作られました。北から攻《せ》めてくる敵《てき》に、すぐ立ち向かえるようにするための道路でした。道路作りのために大勢《おおぜい》の人々が集まりました。敵《てき》に備《そな》えるために、たくさんの兵士《へいし》もやってきました。

兵士を運ぶための馬車造《づく》りに、生《は》えていた油松《あぶらまつ》（松の一種）が使われました。建物用《たてものよう》のレンガを焼《や》くためには木が必要です。金属《きんぞく》の精錬用《せいれんよう》の燃料《ねんりょう》にも木が使われました。

人々は生活のために木を切り、燃料にしました。人々が集まって来ると、農地の開墾《かいこん》が盛《さか》んになりました。開墾するのに邪魔《じゃま》な木を切り、畑にします。黄土《こうど》の積《つ》もった土地は耕作《こうさく》するのが楽でした。こうして木はなくなりました。

木がなくなるとどういうことになるのか、考えさせられます。

例えば、日本の海岸の、砂浜《すなはま》と田畑との境《さかい》には防風林《ぼうふうりん》があります。その防風林がなくなると、田畑はどうなるでしょう。たぶん砂《すな》で埋《う》め尽《つ》くされるはずです。

それでも、日本にはたくさんの雨がふります。数年間で、砂《すな》で埋《う》め尽《つ》くされた田畑でも、今度はそれを埋め尽くすほど草が生《は》えてくるかもしれません。

しかし、黄土《こうど》高原の年間降水量《こうすいりょう》は三〇〇ミリから五〇〇ミリ程度《ていど》です。日本と比《くら》べると、二〇〇八年の年間降水量のトップ宮崎《みやざき》県の二七九七ミリの七分の一くらいです。日本一降水量の少ない北海道《ほっかいどう》と比べても半分しか降《ふ》りません。全国平均《へいきん》の四分の一の雨量です。

それに地下水は五〇メートル以上も深いところを流れていますから、井戸《いど》を掘《ほ》るのは大変です。また、深いところを流れている地下水も黄土を流してしまうのです。その結果《けっか》、地下に空洞《くうどう》ができて、土地の陥没《かんぼつ》を引き起こします。

その上、黄土高原では、風が吹《ふ》くたびに黄砂《こうさ》が舞《ま》い上がって空を覆《おお》い、地表を夜のように暗くしてしまいます。人々は横穴式住居《よこあなしきじゅうきょ》(ヤオトン)から外に出ることもできず、農作業もままなりません。

黄土高原《こうど》にも四季《しき》があります。初夏《しょか》になれば、雨が降《ふ》ることを天に祈《いの》りながら、種《たね》をまき、夏には作物を植えます。雨を待つ季節《きせつ》は、現地《げんち》の人々の目つきが変《か》わります。どれほどの気持ちで雨を待っているのでしょうか。

一前《いちぜん》さんたちは段々畑《だんだんばたけ》の端《はし》で数本の山桃《やまもも》の木を見つけました。でも、鳥の声を聞くことはできませんでした。他の動物を見かけることもありません。ただ、畑を耕《たがや》す人々と家畜《かちく》のヒツジとヤギだけが生活している世界なのです。

野草の生育が悪い上に、毎日のようにヒツジやヤギに食べられては草の育つ時間がありません。そしてヒツジやヤギはウマやウシとは違って、地面ギリギリのところまで食べつくします。

草も足りません。ですから、黄土高原《こうど》には雑草《ざっそう》という言葉はありません。草はすべて役に立つのです。その草は家畜《かちく》に食べつくされて黄土だけになります。それが砂漠化《さばくか》の原因《げんいん》の「過放牧《かほうぼく》」です。

過放牧は黄土の土地に大変《たいへん》な結果《けっか》をもたらします。雑草におおわれていませんから、降《ふ》った雨はそのまま、表面の黄土とともに流れていき、黄土は地中に水を貯《たくわ》えられないため、より乾燥《かんそう》した土地になってしまいます。

ヒツジやヤギの足跡《あしあと》は、黄土高原の浸食《しんしょく》を進める原因です。魚鱗《ぎょりん》浸食と呼《よ》ばれ土砂崩《どしゃくず》れの原因になります。雨が降って流れ出すときに、家畜の足跡《あしあと》の凹《くぼ》みから土砂崩れを起こして、黄土といっしょに流れていってしまいます。

農家の人々が土地を耕《たがや》しても魚鱗浸食が起きます。要《よう》するに人間や動物の手が入る、力がかけられると浸食の原因になってしまうのです。

ヒツジやヤギは草を食べつくしてしまう　© 一前宣正

足跡から土砂崩れが　© 一前宣正

日本の登山道や観光地《かんこうち》などの歩道には、板が敷《し》かれていたり、丸太の階段《かいだん》が付《つ》けられています。土を根で縛《しば》り付けている雑草《ざっそう》が、踏《ふ》み潰《つぶ》されて枯《か》れてなくならないようにしています。歩道の板も丸太も魚鱗浸食《ぎょりんしんしょく》の防止策《ぼうしさく》です。草や木には、土砂《どしゃ》が流されないようにする働《はたら》きがあることがわかります。

オーストラリアからも研究員が来ていました。半乾燥地《はんかんそうち》での土砂崩《どしゃくず》れを防止《ぼうし》するための研究にきていたのです。オーストラリアにも四つの砂漠《さばく》があります。その周辺は乾燥地のはずです。土砂崩れが起きているのかもしれません。

黄土《こうど》高原は、中国でも土壌《どじょう》の流出の最《もっと》も激《はげ》しい地域《ちいき》といわれています。一年間の雨量《うりょう》は少ないのに集中して雨が降《ふ》ることが多く、一気に黄土を流してしまいます。乾燥した黄土は、風に舞《ま》い上がり黄砂《こうさ》を飛散《ひさん》させます。魚鱗浸食も土砂崩れを起こさせていますから、土壌の流出は相当のものだと想像《そうぞう》できるでしょう。

栃木県総合文化《とちぎけんそうごう》センターで開かれたシンポジウムで、質問《しつもん》に立った人の、「ちょっとした雨で山崩《やまくず》れが起こった」という言葉を思い出しました。土砂《どしゃ》崩れではなく、高原の山がなくなるほど崩れてしまう様子が想像《そうぞう》できました。

木も草もなく、乾《かわ》いた黄土《こうど》で覆《おお》われた黄土高原を眺《なが》めて、一前《いちぜん》さんは、「これも、人が作った風景《ふうけい》なんだ」と独《ひと》り言《ごと》をもらしました。二〇〇〇年前の緑におおわれていた大地を思《おも》い浮《う》かべていたのでしょうか。

一前さんたちは、黄河《こうが》に流れていってしまう雨を、どうしても黄土にとどめるようにしなければならないと考えました。現地《げんち》の人々の生活をささえるヒツジたちの過放牧《かほうぼく》を止めるには、どうしたらよいのか悩《なや》みました。

黄土《こうど》でも生育のいい雑草《ざつそう》を育てなければならないでしょう。雑草に、雨水を地中に貯《たくわ》えてもらわなければ、土壌《どじょう》流出が止められないと考え始めました。

第3章　黄土《こうど》高原の人々

一前《いちぜん》さんたちは西安《せいあん》から五〇〇キロの道を北上して、寧夏回族《ねいかかいぞく》自治区の固原《こげん》県へと向かいました。黄砂《こうさ》を止めるためには、黄土高原に住む人々の暮《く》らしも知らなければなりません。人々の生活から、問題解決《かいけつ》のヒントが得《え》られるはずです。

研究所専属《せんぞく》の運転手さんが運転してくれました。ものすごいスピードで走ります。信号《しんごう》はすべて無視《むし》です。日ごろ穏《おだ》やかな運転手さんですが、運転すると人が変わります。追《お》い越《こ》されるとむきになって追い抜《ぬ》きます。運転は上手なのですが、冷《ひ》や冷やの連続でした。

固原県《こげん》に行く途中《とちゅう》の道端《みちばた》で露店《ろてん》を見かけました。香辛料《こうしんりょう》や野菜、果物《くだもの》を売っています。売っているのは子どもたちでした。一前《いちぜん》さんはふと、

――学校に行かないでいいのかな。

と、考えてしまいました。子どもたちも働《はたら》かなければならないほど、貧《まず》しい生活を強《し》いられているのかもしれません。中国でも、最《もっと》も貧しいといわれているのが、黄土《こうど》高原の農村の人々です。

住んでいる人のほとんどが漢民族です。次に多いのが回族《かいぞく》と呼《よ》ばれるイスラム教徒《きょうと》です。回族の人は、白い帽子《ぼうし》をかぶっているのですぐわかります。お酒も飲まず、豚肉《ぶたにく》も食べません。

街道《かいどう》を車で走っていると、子どもたちや老人《ろうじん》を見かけるのですが、若者《わかもの》に会い

ません。若者《わかもの》は都市に出稼《でかせ》ぎに行っているのです。ウシとロバを使って、畑を耕《たがや》しているのは老人《ろうじん》です。荷車をひいているのもロバでした。ロバが重宝《ちょうほう》されています。ウシは力も強くて役に立つのですが、ロバの何倍もエサ（草）を食べるので飼《か》うのは大変《たいへん》です。エサに不自由するほどしか、草が生《は》えないのですから。

畑も同じです。耕しても雨が降《ふ》らなければ、種《たね》もまけません。働《はたら》き手の老人たちもやることがないのです。国から黄河《こうが》の支流《しりゅう》近くに土地を与《あた》えられていますが、一軒《けん》につき四〇アール（四〇〇〇平方メートル＝〇・四ヘクタール）しかない狭《せま》い土地です。

国土の狭い、日本の農家の耕作面積《こうさくめんせき》の平均《へいきん》（一・二ヘクタール＝一万二〇〇〇平方メートル）と比《くら》べても、現地《げんち》の人々の農地は三分の一しかありません。

漢族の子ども　© 一前宣正

回族の人びと　© 一前宣正

そこで思い出したことがあります。戦時中《せんじちゅう》、日本が理不尽《りふじん》な理由で、中国の国土に「満州国《まんしゅうこく》」を作ってしまいました。そのとき、「満州」に渡《わた》った人たちに、国が約束《やくそく》した一家族あたりの土地の面積は一〇町歩《ちょうぶ》（約一〇ヘクタール）でした。狭《せま》い農地しか与《あた》えられない黄土《こうど》高原の人々ですから、支流《しりゅう》近くの耕作地《こうさくち》にはすぐお金になる作物を作ります。主食になるコムギなどの穀類《こくるい》は、川から水を運べない丘陵地《きゅうりょうち》で作らなければなりません。とにかく、雨頼《あめだの》みの農業です。

それにコムギなどの収穫量《しゅうかくりょう》も極端《きょくたん》に少ないのです。風で土が飛ばされても心配ないように、深く耕《たがや》して種《たね》をまきますが、収穫量が期待できない品種でした。しかも、雨量の少ない年は、コウリャン、キビ、アワ、ヒエなどしか作れません。

とても自給《じきゅう》自足できる収穫は望《のぞ》めません。国からの配給を受けなければ生活できないのです。

現地《げんち》の人にとって頼《たよ》りになる〝宝物《たからもの》〟はヒツジです。肉、毛皮、羊毛は貴重《きちょう》な現金収入《げんきんしゅうにゅう》になります。しかし、砂漠化《さばくか》につながる「過放牧《かほうぼく》」と「魚鱗浸食《ぎょりんしんしょく》」の原因《げんいん》を作っているのはヤギとヒツジです。

固原《こげん》の町に着いた日はメーデーでした。学校も職場《しょくば》も休みでにぎわっていました。

町を離《はな》れて丘陵地《きゅうりょうち》に行くと、井戸《いど》の水の水位が年々下がっていることを心配している人たちに出会いました。

まだ試験段階《しけんだんかい》ですが人工降雨用《こううよう》にヨウ化銀を打ち上げるための高射砲《こうしゃほう》も見かけました。黄土《こうど》高原の農業は五〇〇ミリ以上の雨を期待する農業です。雨を降《ふ》らせるためだったら、何でも利用《りよう》します。

段々畑《だんだんばたけ》と谷は、まるでアメリカのグランドキャニオンのようです。草原がなくなると、そこからがけ崩《くず》れが起きて深い谷になり、ぞっとするような渓谷《けいこく》の風《ふう》景《けい》を作り出しています。

雨が降《ふ》りそうになると、農家の人は急いで畑を耕《たがや》します。乾《かわ》いた畑は表面の黄砂《こうさ》が固《かた》まってクラストと呼《よ》ばれる膜《まく》になってしまいます。クラストは水を通しません。降った雨を土壌中《どじょうちゅう》に残《のこ》すためには、畑を耕してクラストをこわさなければなりません。そして、雨が降ったら種《たね》まきをします。

水を沁《し》み込《こ》ませないクラストで、日本のゲリラ豪雨《ごうう》を思い出しました。水が沁み込まないアスファルトやコンクリートの道路と駐車場《ちゅうしゃじょう》に降った雨の行き先です。下水溝《げすいこう》でも流しきれなくなって、住宅《じゅうたく》やお店を浸水《しんすい》させてしまうことが数

人工降雨用の高射砲　© 一前宣正

雨にそなえクラストをこわす　© 一前宣正

多くあります。

ゲリラ豪雨《ごうう》や台風の雨では、広い田んぼのあるところでも、貯《た》まった水が流れ出すかもしれません。でも、ふつうの雨は田んぼに貯まりますし、土に沁《し》み込《こ》んでしまいます。クラストは日本の地面をおおっているアスファルトかもしれませんね。

このクラストができる耕作地《こうさくち》も、黄砂《こうさ》の発生源《はっせいげん》になっています。冬から春先にかけて、草も木も一本も生《は》えていない畑から、黄砂の風はかんたんにクラストをこわし、耕作した黄土《こうど》を風に巻《ま》き上げてしまいます。その黄砂も偏西風《へんせいふう》に乗って、日本にまでやって来ているのでしょうか。

夏に雨が降《ふ》って、種《たね》をまくことができて、秋に収穫《しゅうかく》したコムギは、必要《ひつよう》なときに必要な量だけ脱穀《だっこく》します。人力やロバを使った脱穀です。道路に麦の穂《ほ》を敷《し》き、通る車に脱穀《だっこく》してもらう風景《ふうけい》も見かけました。本当は禁止《きんし》されているのですが、監視《かんし》の目の届《とど》かない、中央から遠く離《はな》れた黄土《こうど》高原の、家畜《かちく》もいない貧《まず》しい地域《ちいき》では今でも続《つづ》いているそうです。

段々畑《だんだんばたけ》とV字渓谷《けいこく》に住む黄土高原の人々は、積《つ》もった黄土の山を垂直《すいちょく》に削《けず》り、横穴《よこあな》を掘《ほ》って作ったヤオトンという横穴式住居《よこあなしきじゅうきょ》に住んでいます。ヤオトンの前は作業場にしたり、囲《かこ》ってブタやニワトリを飼《か》います。

黄土は柔《やわ》らかくて、ヤオトンを掘りやすいのですが、間口約三メートル、奥行《おくゆき》約四・五メートルの部屋を作るのが限界《げんかい》です。大きくすると陥没《かんぼつ》してしまいます。一五五六年に起こった地震《じしん》では、ヤオトンが崩《くず》れて八〇万人もの死者を出したこともありました。そんな危険《きけん》な住居に住まなければならないのです。木が生《は》え

ヤオトン　© 一前宣正

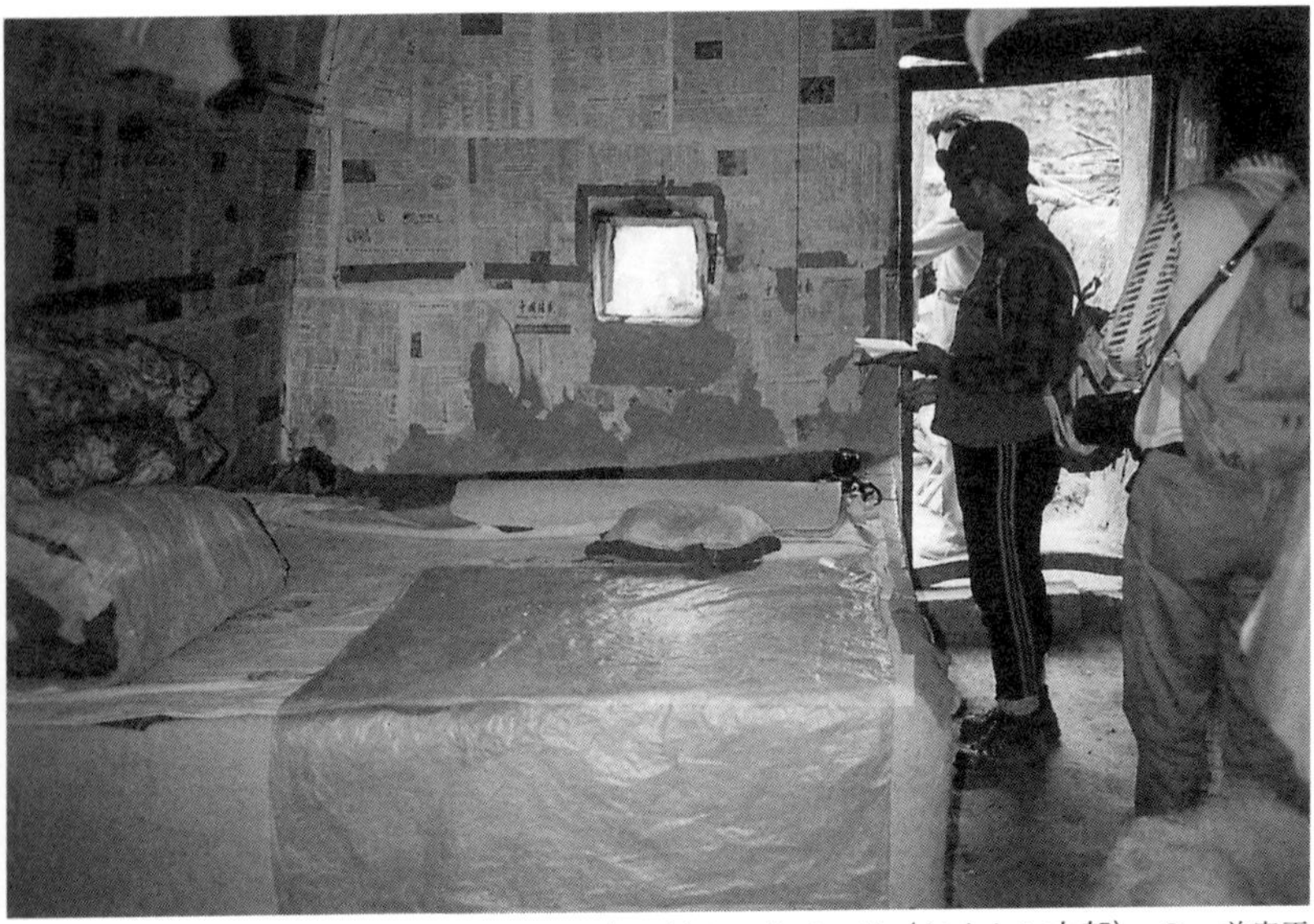

オンドルつきベッド（ヤオトン内部）　© 一前宣正

ていませんから、木の家は建《た》てられません。現在《げんざい》も、黄土《こうど》高原の丘陵《きゅうりょう》地帯《ちたい》には、何千万人もの人々が、ヤオトンで暮《く》らしています。

また、高原の冬はマイナス三〇度にもなるため、オンドルを焚《た》いて暖《あたた》めなければなりません。朝鮮半島《ちょうせんはんとう》でもオンドルで暖《だん》をとりますが、ここでもオンドルが暖房《だんぼう》です。かまどで燃料《ねんりょう》のトウモロコシの茎《くき》などを燃《も》やし、その熱《ねつ》と煙《けむり》を煙突《えんとつ》で床下《ゆかした》にはわせて、床と部屋を暖めるのです。

その燃料に、本当は畑の肥料《ひりょう》になるはずのトウモロコシの茎やカラスムギなどが使われてしまいます。

肥料があれば、土壌《どじょう》も変わり保水力《ほすいりょく》も高まり、作物の収穫量《しゅうかくりょう》も増《ふ》えてくるはずです。作物の収穫量が増えれば、貧《まず》しい生活から脱《ぬ》けだすことができると一《いち》前《ぜん》さんは考えました。

第4章　測量《そくりょう》と調査《ちょうさ》の毎日

試験地《しけんち》は、西北水土保持《ほじ》研究所所属《しょぞく》の陝西省《せんせい》安塞《あんさい》試験場、陝西省神木《しんぼく》試験場、寧夏回族《ねいかかいぞく》自治区固原《こげん》試験場の三箇所《かしょ》です。日本から試験地に行くときは北京《ペきん》もしくは上海《しゃんはい》に行き、飛行機《ひこうき》や列車で銀川《ぎんせん》か西安《せいあん》に向かいます。いつも満員《まんいん》です。

一前《いちぜん》さんは毎回、

「事故《じこ》が起きませんように」

と、祈《いの》っていました。交通事故の多い中国です。

当初の六年間は固原試験場《こげんしけんじょう》で基礎的《きそてき》試験を行いました。どのようにすれば黄土高原《こうどこうげん》に緑を回復《かいふく》できるかの試験です。その後、安塞《あんさい》試験場が管理する丘陵地《きゅうりょうち》に移《うつ》りました。水土保持《ほじ》研究所から安塞までは車で一二時間もかかります。

黄土高原滞在中《たいざいちゅう》の昼食は名物のゴークエです。小麦粉《こむぎこ》に油を混《ま》ぜて練って焼《や》いたものです。ときどき、虫（現地《げんち》の食料）の入った缶詰《かんづめ》や缶詰の野菜《やさい》も食べました。

安塞試験場には田村三郎《たむらさぶろう》先生も行きました。田村先生は、現地の人々の生活向上を第一に考え、

「黄土高原における緑化研究は人々の生活を向上させるばかりでなく、黄砂《こうさ》の発生を抑《おさ》えることができれば、朝鮮《ちょうせん》半島から日本列島に至《いた》る広い地域《ちいき》の環境《かんきょう》保全《ほぜん》

に寄与《きよ》するものになるはず――」

といっていました。一前《いちぜん》さんたちは再《ふたた》び、緑化のための最高《さいこう》の設計図《せっけいず》を創《つく》り上げたいという気持ちを奮《ふる》い立たせました。

研究員の昼食はほとんどゴークエだけでしたが、夕食は豪華《ごうか》なものでした。ゴークエと、野菜《やさい》、卵《たまご》、豚肉《ぶたにく》、豆腐《とうふ》の油いために果物《くだもの》のナシまで付いています。ヤオトンに住む現地《げんち》の人々の食事は朝夕二食で、うどんと野菜いためだけなのです。

うどんは小麦粉《こむぎこ》を練って丸めたものを、お湯を沸《わ》かした鍋《なべ》の上で、鉄の網《あみ》（ふるいのような物）から、力いっぱい押《お》し出して茹《ゆ》でたものです。味付けは魚を使った中国醤油《じょうゆ》と、香辛料《こうしんりょう》で食べるそうです。でも、一前さんはずっと、酢《す》だけで食べていました。現地の香辛料が口に合わなかったようです。

ゴークエ　© 一前宣正

豪華な夕食　© 一前宣正

一前《いちぜん》さんたちも現地《げんち》の人々と同じ食生活を始めました。同じ食べ物を食べていなければ、現地の人の気持ちにはなれないと思ったのです。

水はそのまま飲めません。夜、ポットでもらったお湯を冷《さ》まして、ペットボトルに入れて持ち歩きました。ポットは静《しず》かに置《お》いておいて、黄砂《こうさ》を沈《しず》ませなければなりません。

やはり黄砂が混《ま》じって濁《にご》っていますが、日本と同じようなお風呂《ふろ》も付いていています。トイレは日本人向けに隣《となり》の便器《べんき》との境《さかい》に仕切りが付いていました。現地では仕切りがありません。前や横の人と話をしながら用を足すのが中国流です。

道路わきにはほぼ畑ごとにトイレがあります。明《みん》の時代（一四世紀から一七世紀）の笑い話に、そのトイレが出てきます。現在《げんざい》のトイレも明の時代の笑い話と同じです。

黄土で濁った風呂　ⓒ一前宣正

日本人向けにつくられた仕切り　© 一前宣正

『小のために大を失う』

笑府

ある貪欲《どんよく》な男、道を歩いてきた人が立ち止まったのを見ると、

――小便《しょうべん》をするつもりだな。向かいの家の便所でされては損《そん》をする。

と思い、急いで向かいの家の便所へ行き、大便をするふりをしてしゃがみこんだ。道に立ちどまった人は、男の計算どおり自分の家の便所へはいったので、

――よしよし、うまくいった。

と安心したとたん、おならを一発して、おならといっしょに大便をちょっとしてしまった。

男は後悔《こうかい》した。

――残念《ざんねん》、小のために大を失った。

となげいたとさ。

（出典『中国笑話集』駒田信二編訳　講談社文庫）

「黄土《こうど》高原のいいところは、外に出てもトイレを探《さが》さなくてもいいんだ」

一前《いちぜん》さんが教えてくれました。

一前さんたちの研究の準備《じゅんび》が始まりました。プロジェクトの当時の責任者《せきにんしゃ》、田村三郎《たむらさぶろう》先生の下にさまざまな分野の専門家《せんもんか》たちが集まっていました。木を植えることが専門の研究者、土壌《どじょう》の研究者、作物の研究者、肥料《ひりょう》などの化学関係の研究者などがいます。一前さんはもちろん、雑草《ざっそう》の専門家です。

「君らの専門分野に期待する。きっとこの丘陵《きゅうりょう》を緑にする方法を見つけてくれるはずだ。君らならできる」

田村《たむら》先生がミーティングでいった言葉です。

しかし、そのときは一前《いちぜん》さんも他の研究者も、試験地《しけんち》の風景《ふうけい》を見て、呆然《ぼうぜん》とするばかりでした。見わたす限《かぎ》りの黄土《こうど》だけの風景です。木もなく鳥の声さえ聞くことができない高原、耕《たがや》されているけれど、作物が育っていない畑、乾燥地《かんそうち》の荒涼《こうりょう》さに圧倒《あっとう》されるばかりでした。

田村先生の言葉に賛同《さんどう》はしましたが、何をしたらいいのか、どうすれば高原の風景を変えられるのかなどと考える余裕《よゆう》もありませんでした。黄砂《こうさ》を止める自信《じしん》どころか、逃《に》げ出したくなるほどです。生態系《せいたいけい》が破壊《はかい》された黄土高原の風景は、もう生物の住む世界ではないように思われました。ただただ、寒々とした風景に怖《こわ》さを感じるしかなかったのです。

黄土高原の一前さん　© 一前宣正

それでなくても、研究者たちは、集会所の床《ゆか》にそのまま寝袋《ねぶくろ》を置いて、寝ているありさまです。お風呂《ふろ》も黄砂《こうさ》で濁《にご》ったお湯に入らなければなりません。食事も、一日二回のうどんとときどき出てくるゴークエだけでした。

「腹《はら》がへって、腹がへって」

と、一前《いちぜん》さんは笑《わら》っていましたが、日本にいる今だから、言える言葉だと思います。

でもすぐ植生調査《ちょうさ》が始められました。

毎朝七時に起きて朝食、いろいろ準備《じゅんび》をして、八時には出発しなければなりません。

試験地《しけんち》までは歩いて三〇分もかかります。

向かう先は、黄土《こうど》の丘陵《きゅうりょう》の斜面《しゃめん》です。斜面が試験地です。広さは栃木県《とちぎけん》の面積《めんせき》（六四〇八平方キロメートル）くらいあります。その広い試験地の測量《そくりょう》から始まりました。測量すると、試験地の地図ができます。

その地図に沿《そ》って、試験地の植物の痕跡《こんせき》を探《さが》しました。生《は》えているものは、昔からあったものか、最近植えたものかを調べます。生えているものはどんな植物、どんな草なのかを調べます。その草の生えている状態《じょうたい》や密度《みつど》も調べました。

測量と調査《ちょうさ》の毎日です。夕方、帰宅時刻《きたくじこく》の七時まで頑張《がんば》りました。

「毎日、一二時間労働だった」

と、一前《いちぜん》さんは当時を振《ふ》り返っていました。その調査だけで六年間もかかりました。

植生を調べる竹松哲夫先生　© 一前宣正

乾燥地《かんそうち》になるまえはどんな植物が生《は》えていたのかを調べましたが、記録《きろく》がありません。今ある植物も、黄土《こうど》高原では大きくなりません。育っても放牧《ほうぼく》しているヤギやヒツジのエサになってしまいます。

ヤギやヒツジを放牧している丘陵地《きゅうりょうち》にどのような植物がどの程度残《ていどのこ》っているかを調べました。でも、丘陵地帯《ちたい》の植生は完全に破壊《はかい》されていて、以前《いぜん》に何が生えていたのかさえ、わからないほどです。

それで、生き残った植物を探《さが》すことにしました。探していると現地《げんち》の人々が興味津々《きょうみしんしん》な様子で集まってきます。やることがない老人《ろうじん》たちです。畑を耕《たがや》して、雨を待っていても、降《ふ》る様子がないと種《たね》もまけません。

調査《ちょうさ》の結果、イネ科のホクシハネガヤと、キク科のヨモギ属《ぞく》植物、シソ科の百里香《ひゃくりこう》（香《かお》りの強いハーブオイルが採《と》れる草）が見つかりました。いずれも優占《ゆうせん》種《しゅ》とされています。その地域《ちいき》で代表的《だいひょうてき》な種類《しゅるい》の植物を優占種と呼《よ》びます。その優占種はヒツジの大好物《だいこうぶつ》です。羊飼《ひつじか》いの人が長居《ながい》しすぎると根こそぎ食べられてしまいます。

「ホクシハネガヤ」という名前は和名にありました。「ホクシ」というのは「北支」のことで、北部の中国のことを指しています。かつて日本では中国を支那《しな》と呼んでいました。日中戦争時代に侵略《しんりゃく》した土地に植えた草だということを、名前が証明《しょうめい》しています。

黄土《こうど》高原に住む数千万人の人々が、国などの援助《えんじょ》を受けながらも何百年もけして豊《ゆた》かではない同じ生活を送ってきました。貧《まず》しさから満足《まんぞく》な教育も受けられません。ヤオトンに住み、黄砂《こうさ》に耐《た》えて生きています。

黄土《こうど》高原に住む人々の暮《く》らしぶりを見て、田村《たむら》先生が立ち上がりました。田村先生は丘陵《きゅうりょう》地《ち》の山上に立ち、一前《いちぜん》さんたちと中国の研究員を前にして語りました。

「日本と中国の研究者の知恵《ちえ》を結集し、黄土高原を緑化して黄砂をおさえる青写真を作ろう」

一前さんも何とかしたいと思いました。しかし、簡単《かんたん》にできることではありません。黄土高原には人間と家畜《かちく》以外に野生の動物さえいないのです。鳥もミミズもいません。家の回り以外《いがい》に木も見ることができないのです。そのとき、一前さんは、

「雑草《ざっそう》の知恵《ちえ》を借りよう」

植物を観察する一前さん　© 一前宣正

と、思いました。

草は地中に根を張《は》り、土を柔《やわ》らかくしてくれます。柔らかくなった土は地中に水を貯《た》めてくれます。いきなり緑を求《もと》めて木を植えても、黄土《こうど》高原は半乾燥地帯《はんかんそうちたい》ですので、人間が水をやり続けなければなりません。

耕作地《こうさくち》で作物に水をやり続ける「灌水《かんすい》」という方法《ほうほう》は、乾燥の激《はげ》しい土地では水分が蒸発《じょうはつ》して残《のこ》った塩分の量を増《ふ》やし、やがて、作物の育たない土壌《どじょう》を作ってしまいます。日本のビニールハウスの中でも起きています。まして、乾燥地ではそのスピードが速くなります。イスラエルとヨルダンにある死海《しかい》と同じです。ちなみに日本では化学肥料《ひりょう》などで土壌中《どじょうちゅう》の塩分を調整《ちょうせい》しています。

まずは草を育てることから始めなければならないでしょう。力強い雑草《ざっそう》の力と知恵《ちえ》を借りなければ、木は育てられないのかもしれません。

第5章　スイッチグラスとの出会い

いよいよ一前《いちぜん》さんたちの本格的《ほんかくてき》な活動が始まりました。まずは新たな「設計図《せっけいず》作り」です。しかし、緑化を進め、黄砂《こうさ》を抑《おさ》える研究自体が、現地《げんち》の人々や研究員たちにまだ理解《りかい》されていませんでした。

「昔から、こうなのです」

黄砂はあって当たり前のもの、という考えが現地の人たちにはありました。黄砂が飛《と》んできても別段《べつだん》大した問題じゃない。中国の研究者たちにも、黄砂を抑える研究そのものが、必要《ひつよう》かどうか疑問視《ぎもんし》されていたのです。

問題は「慣《な》れてしまうこと」にありました。黄砂《こうさ》はいつでもあるものだという慣れです。二〇〇〇年もの間、黄砂が飛散《ひさん》し続けたその地に住んでいた人にとっては、しかたのないことかもしれません。

しかし、黄砂が吹《ふ》いてきたときの恐《おそ》ろしさは尋常《じんじょう》なものではありません。昼間でも真っ暗になって、太陽が月のようにしっかり見えるのです。車は停《と》まって黄砂が通《とお》り過《す》ぎるのを待つしかありません。飛行機《ひこうき》は黄砂の砂嵐《すなあらし》の中を飛《と》ぶことができません。ひどいときは列車の転覆事故《てんぷくじこ》の原因《げんいん》になったことさえありました。

車に乗っていても、粒《つぶ》の細かい黄砂はどんな隙間《すきま》からでも入ってきます。車の中にいても、目や鼻や口を押《お》さえていなければなりません。耳にも入ってきます。

黄土高原に広がる砂漠　© 一前宣正

そこに住んでいる人々も外に出られません。外の仕事はできないのです。黄砂《こうさ》の影響《えいきょう》は農業を営《いとな》む人々に被害《ひがい》を与《あた》えるだけではありません。黄砂の砂嵐《すなあらし》は強風を伴《ともな》うことが多く、高い鉄塔《てっとう》さえも建《た》てられなくしています。

それでも、人々は黄砂の吹《ふ》く日、

「今日の天気はよくない」

としかいいません。黄砂で空が真っ暗になっても、いつものことだからしかたがない、で済《す》ませてしまうのです。

「慣《な》れ」とか「我慢《がまん》」で済《す》まされるものではありません。そして、世界的な砂漠《さばく》化《か》は一秒間に一九〇〇平方メートルの割合《わりあい》で進んでいるのです。一九〇〇平方メートルとは、だいたい小学校の体育館の二棟分《にとうぶん》になります。地球上で毎秒、その広さが砂漠になっていっています。一時間で六八四万平方メートル＝六・八四平方キロメートルが砂漠になります。四五分間授業《じゅぎょう》が終わったら、もう小学校の周囲《しゅうい》が砂漠になっていたという計算です。

「慣れ」というものが怖《こわ》く思えてきました。ただ耐《た》える「慣れ」でいいのでしょうか。「慣れ」が「あきらめ」から来るのでしたら、悲しいことです。

　何か人の生き方まで考えさせられます。「慣れ」は真実を追求《ついきゅう》することもなく、理想を追うことも止めてしまった生き方なのかも知れません。黄土《こうど》高原の人々は「慣れ」るしかなかったのでしょうか。

一前《いちぜん》さんたちはしばらくの間、「黄砂《こうさ》を抑《おさ》える」ということを口にできませんでした。現地《げんち》の人たちや中国の研究員の間には、黄砂が止まっても何の利益《りえき》もない、それよりもすぐれた品種《ひんしゅ》の作物を導入《どうにゅう》して欲《ほ》しいという思いが感じられたからです。

現地の人たちは日本にはすばらしい品種があることを知っていました。黄河《こうが》の支流《しりゅう》に近い低地の畑で、日本の優《すぐ》れた作物を作れれば、すぐ現金収入《げんきんしゅうにゅう》を得《え》られます。

ですから、一前さんたちは緑化と生活向上を目標《もくひょう》に掲《かか》げました。緑化すれば家畜《かちく》のエサに不自由しなくなります。生活向上は誰《だれ》もが望《のぞ》むことです。すべての人の願《ねが》いです。

黄土高原《こうど》の砂漠化防止《さばくかぼうし》は、中国でも以前《いぜん》から問題になっていました。一前《いちぜん》さんたちは、以前はどのような試《こころ》みが行われていたのかを調《しら》べました。

一九四九年、中国科学院は陝西省《せんせい》楊凌《ようりょう》に西北水土保持《ほじ》研究所と、甘粛省《かんしゅく》蘭州《らんしゅう》に蘭州沙漠《さばく》研究所を設置《せっち》しました。

研究所では黄土高原などの砂漠化防止のために役立つ植物として、グミ科の低い木の沙棘《サジー》を選び出しました。サジーは、黄土が雨で流されてしまったり、風で飛《と》ばされることを防《ふせ》ぐのに優《すぐ》れていることを発見したのです。

それで三〇年以上前まで、サジーの種《たね》を航空機《こうくうき》で黄土高原に散布《さんぷ》していました。でも、サジーの品種《ひんしゅ》、蒔《ま》かれた種の管理《かんり》や、住民への説明が十分でなかったために、試みは失敗《しっぱい》に終わりました。人々は、生活向上に直接関《ちょくせつかか》わる活動でないと協力してくれません。

そういう過去《かこ》の失敗《しっぱい》の事情《じじょう》がわかりました。そして、一前《いちぜん》さんたちはまた試《し》験地《けんち》に向かいました。

現地《げんち》に住む人々の協力も得《え》られるような、三つの試《こころ》みを考えました。どのようにすれば黄土高原《こうどこうげん》に植生を、緑を回復《かいふく》できるのか、黄砂《こうさ》を抑《おさ》えることができるのか。熱《あつ》い思いを込《こ》めた、三つの試みを「緑化と黄砂を抑える手順《てじゅん》」として実行しました。

第一に一前さんたちは、ヤギとヒツジの放牧地《ほうぼくち》になっていた丘《おか》を囲《かこ》い込《こ》み、放牧地を人間も家畜《かちく》も入れないよう封鎖《ふうさ》して、植生の観察《かんさつ》を続けました。

中国科学院でも、過去に放牧地であったところを囲い込み、ヤギやヒツジたちを占《し》め出して、観察し続けていました。三〇年たつと、草と小さい木が生《は》えました。でも、一前《いちぜん》さんたちの調査《ちょうさ》の結果《けつか》、土壌《どじょう》になっている黄土《こうど》の流出は、半分にしかおさえられませんでした。家畜《かちく》の囲《かこ》い込《こ》みをしても、黄土の流出はおさえられないことがわかっただけでも、成果《せいか》です。

黄土の流出、黄砂の飛散《ひさん》をどうしても食い止めたい一前さんたちは、植林の調査もしました。ニセアカシアの木を植えてみました。しかし、土の中の水分が少なくて、水をやらないと育ちませんでした。

少ない雨量を土の中に沁《し》み込ませて、植えた木が自然に育つような「何か」がどうしても必要《ひつよう》だと考えました。

必要なのは長い年月です。放牧地の封鎖《ふうさ》では土壌《どじょう》の流出を半分しか食い止められませんでしたが、現状《げんじょう》では一〇〇年以上の囲い込みを続けてもらうしかありません。土壌の流出を食い止める「何か」を考えなければなりません。

30年が経過した放牧地の囲い込み　© 一前宣正

ニセアカシアを植林した試験区　© 一前宣正

日本では土地を五年も放置《ほうち》すれば高い木まで育ちますが、黄土《こうど》高原では一〇〇年以上《いじょう》かかることもわかりました。植物が完全に回復《かいふく》するには一〇〇〇年以上かかるでしょう。生物がいない土地と、黄砂《こうさ》の発生を一〇〇〇年間も放置するわけにはいきません。

第三に、世界中から雑草《ざっそう》などの植物の種《たね》を集めました。黄土高原の厳《きび》しい環《かん》境《きょう》でも育ってくれる植物です。もちろん黄砂を抑《おさ》える働《はたら》きがあるものを選ばなければなりません。

黄土高原での数千年にわたる人々の暮《く》らしが、地形や土までも変《か》えてしまいました。それでも、現在《げんざい》の黄土高原の環境に適応《てきおう》し、育ってもらわなければなりません。そんな植物の種を探《さが》しました。

まず問題になったのは外国からの「種《たね》の輸入《ゆにゅう》」です。多くの国が外来種《がいらいしゅ》となる植物や動物の輸入を禁《きん》じています。病原菌《びょうげんきん》などの問題がありますが、その国の生態系《せいたいけい》を壊《こわ》すことに、世界中の国ぐにが敏感《びんかん》になっていて、生き物や種の輸入を厳《きび》しく取《と》り締《し》まっています。

「中国政府《せいふ》は許可《きょか》してくれるだろうか」

一前《いちぜん》さんたちは考え込《こ》んでしまいました。けれど、黄土《こうど》高原の砂漠化《さばくか》を抑《おさ》えるには、どうしても黄土の飛散《ひさん》と流出を食い止めてくれる植物の種が必要《ひつよう》です。

悩《なや》みはあっけなく解決《かいけつ》しました。中国政府も水土保持《ほじ》の緊急性《きんきゅうせい》、植物の種の必要性《ひつようせい》を認《みと》めてくれたのです。すぐに許可がおりました。一前さんたちは雑草《ざっそう》の種を輸入しました。その数は二万種類にも及《およ》びました。

一九八八年から一〇年間で二万種類もの植物の種を、世界中から集めました。

標高《ひょうこう》一五〇〇メートルの丘《おか》に植えて、目的《もくてき》にかなった植物を選《えら》び出す選別《せんべつ》が必《ひつ》要《よう》です。

一前《いちぜん》さんたち研究員は総出《そうで》で調査《ちょうさ》のための種《たね》まきをしました。ひもを張《は》って丘陵地《きゅうりょうち》を仕切り、鋤《すき》で数十メートルの長さの畝《うね》を作ります。黄土《こうど》は耕《たがや》すときは楽ですが、乾《かわ》いた土ですから、種が芽《め》を出してくれるかどうかが心配です。

最初《さいしょ》は土地を耕すのを研究員や現地《げんち》の人の協力《きょうりょく》だけでやっていましたが、栃《とち》木《ぎ》県の面積《めんせき》もある試験地《しけんち》です。とても人力だけでは耕しきれません。牛にも手伝ってもらうようになりました。

黄土を耕して、黄土が崩《くず》れて谷になっている丘陵の端《はし》まで、東西南北に向けて数十本の畝を作りました。慣《な》れない鋤やスコップを使って、研究者自ら、広い試験地を耕さなければなりません。一〇年間で二万種《にまんしゅ》の種をまき続けました。南《みなみ》

選抜試験地の作成　© 一前宣正

鍬で耕し種子を植える　© 一前宣正

側《がわ》の畝《うね》では草が育ちませんでした。夏の暑さと乾燥《かんそう》が原因《げんいん》です。

また、畝を一メートルくらいに区切り、数十万の試験区《しけんく》を作りました。そこに様々な種《たね》をまきます。まき方も様々です。深さを変《か》えてまき、育ち方を調べるのです。まいた日の記録《きろく》も重要《じゅうよう》です。日々、選抜調査《せんばつちょうさ》の連続でした。

イネ科の植物、マメ科の植物も選抜の対象《たいしょう》です。しかし、マメ科の植物は、環境《かんきょう》に適《てき》していて、家畜《かちく》の飼料《しりょう》としてはすぐれているのですが、黄砂《こうさ》の飛散防《ひさんぼう》止《し》にはあまり有効《ゆうこう》でないことがわかりました。

中国政府《せいふ》の特別《とくべつ》な許可《きょか》をもらって、世界中から二万種類以上《しゅるいいじょう》の雑草《ざっそう》の種を集め、選抜してきたのですが、すでに六年も経《た》ったのに、なかなか目的《もくてき》にかなう植物に出会うことはできませんでした。まだ試験地にまいて、検討《けんとう》していない、雑草の種が残《のこ》り少なくなってきました。

イネ科植物の拡大試験地　© 一前宣正

マメ科のムラサキモメンヅル　© 一前宣正

——これから、目的《もくてき》にかなう雑草《ざっそう》の種《たね》が出てくるのだろうか。

一前《いちぜん》さんはそんな心配ばかりしていました。心細さと不安はつのる一方です。

困《こま》り果《は》て、絶望《ぜつぼう》しそうになるころ、年間の降水量《こうすいりょう》が四〇〇ミリ程度《ていど》で、冬の最低《さいてい》気温がマイナス三〇度以下《いか》になる環境《かんきょう》でも育って、黄土《こうど》の流出と飛散を抑《おさ》えることができる二種類《しゅるい》の植物を見つけることができました。

選《えら》ばれた植物の一つは、中国科学院が種を空中散布《さんぷ》して失敗《しっぱい》したサジーでした。苗《なえ》を植えることで黄土高原でも育てることができたのです。サジーは根を数メートルの長さまで伸《の》ばします。サジーは木ですが、根には根粒《こんりゅう》という粒《つぶ》がついています。

根粒というのは根っこに付いた小さなコブのようなものです。一般的《いっぱんてき》にはマメ科の植物に付いています。身近なエダマメ（ダイズ）、ソラマメ、インゲンなどがマメ科です。野草のクローバーやレンゲソウもそうです。

根粒《こんりゅう》はマメ科の植物にとって、とてもありがたい存在《そんざい》になっています。根粒の中には根粒菌《こんりゅうきん》というバクテリアが住みついています。

マメ科の植物を宿主《しゅくしゅ》としますと、根粒菌は宿主が自分では作れないタンパク質《しつ》を作ってくれるのです。タンパク質は植物の繊維《せんい》の成分です。細胞《さいぼう》を作るためになくてはならないものです。

植物のタンパク質はふつう、根が肥料《ひりょう》のアンモニアなどから吸収《きゅうしゅう》します。ですから、野菜や穀物《こくもつ》を育てる田畑では肥料が必要《ひつよう》になります。でも、根粒が付いていて、根粒菌がタンパク質を作ってくれるマメ科の植物などは肥料がなくても育ちます。

日本では、春になるとレンゲソウが一面に咲《さ》いたレンゲ畑が見られます。レンゲ畑といっていますが、正確《せいかく》には田んぼです。田植えの時期の前だけ、レンゲソウが育てられてレンゲソウの花畑になります。

それでレンゲ畑と呼《よ》ばれているのです。根粒《こんりゅう》の付いた根っこがあるレンゲソウは、田んぼの肥料《ひりょう》にするために、農家の人が田んぼに種《たね》をまいて、レンゲ畑にしているのです。

根粒が付いているのはマメ科の植物以外に、グミ科の植物もあります。サジーもグミ科の植物です。でも現地《げんち》に生《は》えていたサジーは実のつきもよくないので、より実つきのいいサジーの枝を探《さが》し出しました。

「スイッチグラスという北アメリカ大陸《たいりく》原産のイネ科雑草《ざっそう》が私《わたし》の背丈《せたけ》を超《こ》すま

でに生育したときの感動は今でも忘《わす》れません」

そう話す一前《いちぜん》さんの顔からも、その時の喜《よろこ》びようが想像《そうぞう》できました。

一前さんたちが行った試《こころ》みでの最高《さいこう》の成果《せいか》になりました。それがスイッチグラスとの出会いです。

二万種類《しゅるい》の種、何種類もの種《たね》のまき方を実験《じっけん》して、冬を越《こ》して芽生《めば》えたただ一つのスイッチグラスが見つかりました。スイッチグラスはススキに似《に》た植物で、毎年、株《かぶ》を大きくしていってくれます。

スイッチグラスは春に葉を伸《の》ばし始めて、夏にかけて群落《ぐんらく》になり、八月にはたくさんの種ができます。根をはり、株《かぶ》も大きくなります。

根の数も多く、土の表面から五〇センチも深いところまで根を伸ばします。根が土をしばりつけて、高原を吹《ふ》く風にも土を飛《と》ばしません。もちろん、貴重《きちょう》な

生育を開始したスイッチグラス　© 一前宣正

2か月後多数の種子を付けたスイッチグラス　© 一前宣正

雨水も地中に貯《たくわ》えます。

また、スイッチグラスは地表との間に根の何倍も太い根茎《こんけい》を伸《の》ばします。根茎は、はすの根茎であるレンコンのような役目をします。ある程度《ていど》根茎を伸ばしたところで、芽《め》を出し、根を張《は》ります。レンコンのように食べられるほど太くはなりませんが、その根茎で毎年、株《かぶ》を大きくしていきます。

サジーも根茎で増《ふ》えていくのがわかりました。二つとも根茎の働《はたら》きで厳《きび》しい冬を乗り越《こ》えることができたのです。

でも、スイッチグラスには心配もありました。増えすぎていいのだろうかという、ぜいたくな心配です。除草剤《じょそうざい》を研究していた一前《いちぜん》さんならではの心配でした。実際《じっさい》はどんなに増えても、家畜《かちく》のエサに不自由しなくなるだけでしょう。

スイッチグラスは家畜のエサになりますが、種《たね》ができた後で刈《か》り取《と》りをしなければなりません。根茎《こんけい》でも増《ふ》えますが、種《たね》でも増やさなければ、広い黄土《こうど》高原の緑化はどんどん遅《おく》れてしまいます。

今、日本で、スイッチグラスに似《に》たススキがあまり見られなくなったのは、種が実る前に刈《か》り取《と》られてしまうからだそうです。

二〇〇七年に実施《じっし》した調査《ちょうさ》では、スイッチグラスが育った丘陵《きゅうりょう》地《ち》は、長年放牧《ほうぼく》が続けられた放牧地に比《くら》べて、斜面《しゃめん》からの黄土《こうど》の飛散量《ひさんりょう》を、八パーセントまで抑《おさ》えることができました。

サジーが植えられた土地は一七パーセントまで飛散量が抑えられました。つまり最大八三パーセントの黄土が残《のこ》ったということです。スイッチグラスは黄砂《こうさ》となって飛散してしまう黄土の九二パーセントを土地にとどまらせたことになります。

スイッチグラスの春の群落　© 一前宣正

スイッチグラスの夏の群落　© 一前宣正

そのスイッチグラスで斜面《しゃめん》をおおえば、その後に植林することもできるようになります。試《こころ》みを始めて、一〇年たって松の木が育ちました。最初《さいしょ》に草が育って、やがて木が生《は》えてきて林ができる、大昔からの荒地《あれち》の再生《さいせい》の順序《じゅんじょ》どおりになっています。

さらにスイッチグラスは、ガソリンに代わる燃料《ねんりょう》バイオエタノールの原料にもなることがわかりました。

日本ではガソリンに混《ま》ぜて使えませんが、ブラジルでは、サトウキビが原料のバイオエタノールを、二〇パーセントも混合《こんごう》させたガソリンで自動車が走っています。アメリカではトウモロコシから作られたバイオエタノールを加《くわ》えたガソリン車が走っています。

そのアメリカではなんと、二〇〇六年にブッシュ大統領《だいとうりょう》が、バイオアルコールの原料をトウモロコシからスイッチグラスに替《か》えるといいだしたのです。一前《いちぜん》さんたちはビックリしましたが、スイッチグラスの試《こころ》みを終えたあとでした。

第6章　緑の黄土《こうど》高原をめざして

第二段階《だんかい》で得《え》られた成果《せいか》は、まだ広大な黄土高原の中の一地点にすぎません。これからは試験地《しけんち》を黄土高原の全域《ぜんいき》に広げて、気温や降水量《こうすいりょう》、試験地と土壌《どじょう》が違《ちが》う地域《ちいき》ではどんな結果《けっか》が出るのかをはっきりさせなければなりません。地域にあった植物を選《えら》んでいく研究を、これからも続《つづ》けていかなければならないでしょう。

プロジェクトチームの研究員たちは、現在《げんざい》もサジーの品種改良《ひんしゅかいりょう》を続けています。もともと現地《げんち》にあったサジーは、実が小さくて枝《えだ》にとげがあって、収穫量《しゅうかくりょう》を増《ふ》やすことが困難《こんなん》でした。品種改良《ひんしゅかいりょう》を続《つづ》けていくうちに、実もたくさんつけるようになりました。そして、ジュースにして販売《はんばい》できるようになったのです。サジージュースも、スイッチグラスのバイオエタノールも、現地の人たちの現《げん》金収入《きんしゅうにゅう》になりました。

日本からも果樹《かじゅ》を持って行きました。りんごのフジとブドウのカベルネソーヴィニヨンです。フジは黄土《こうど》高原でも育って実をつけました。フジは西安《せいあん》の街《まち》で売ることができました。多くの人々がフジを栽培《さいばい》し、値崩《ねくず》れが起きるほどの販売《はんばい》量《りょう》になっています。

一前《いちぜん》さんたちはブドウ園も作りました。代表的《だいひょうてき》な赤ワイン用品種のカベルネソーヴィニヨンは収穫《しゅうかく》して、ワインにします。現地の人の住宅《じゅうたく》になっている黄《こう》土《ど》を掘《ほ》った住居《じゅうきょ》ヤオトンで、ワインの醸造《じょうぞう》ができました。ヤオトンは室内の温度が安定しているので発酵《はっこう》と保存《ほぞん》の場所に最適《さいてき》です。まさにヤオトンワインです。西安《せいあん》で思わぬ高値《たかね》が付いたそうです。実際《じっさい》、ワイン造りに取り組んだ農家があります。試験地《しけんち》で研究者たちを手伝ってくれた農家の人たちが始めたのです。

一前《いちぜん》さんたちが考えたこれからの設計図《せっけいず》（青写真）とはどんなものだったのでしょう。

まず、丘陵地《きゅうりょうち》でスイッチグラスを育てて、そこを草地にし、緑でおおうところから始まります。その草地の中にサジーの栽培地《さいばいち》も作ります。

スイッチグラスとサジーは、黄土《こうど》高原の緑化と、黄土の流出、黄砂《こうさ》の飛散《ひさん》を食い止めるためのものです。

ワインの試作品　© 一前宣正

ワインを造る　© 一前宣正

そして次は、ヤオトンに住む人々の生活向上を考えなければなりません。生活向上のための目標が四つあげられました。

①緩《ゆる》やかな丘陵《きゅうりょう》にはブドウ園を造《つく》り、ヤオトン倉庫でワインを醸造《じょうぞう》します。

②刈《か》り取《と》ったスイッチグラスは、小さな工場を作ってバイオアルコールを作ります。

③サジーの実は集めてジュースにします。

④過放牧《かほうぼく》で砂漠化《さばくか》を引き起こすヤギやヒツジ、ニワトリは畜舎《ちくしゃ》で飼《か》うようにします。

そして、一次産品（収穫《しゅうかく》したままの農産品）でなく、二次産品（加工品）を造って、販売《はんばい》したいと考えました。商品の販売での現金収入《げんきんしゅうにゅう》は、きっと人々を「慣《な》れ」や「あきらめ」から解放《かいほう》して、希望《きぼう》を持たせてくれると思います。

これでヤオトンに住む人々の経済的《けいざいてき》自立ができます。学校に行っていない子どもたちも学校に通えるようになるでしょう。そして、人々が協力《きょうりょく》しあいながら事業化し、成功を収《おさ》められるようになるかもしれません。

一前《いちぜん》さんたち研究者は、それらのことを約束《やくそく》できるでしょうか。でも簡単《かんたん》なことではありません。日本の食糧《しょくりょう》自給率《じきゅうりつ》を上げることと似《に》ているかもしれない、と一前さんはいっています。

食糧は外国から買ったり、援助《えんじょ》してもらうものではなく、自分たちで作るのが基本《きほん》です。まして、日本は島国です。何かがあって、買っていた食糧が来なくなったらどうするのでしょう。自立自給、自給自足は黄土《こうど》高原の人々だけのことではないのです。日本人にも決して他人事ではありません。

この計画で大切なことは、スイッチグラスやサジーを育てていって、ヤオトンに住む人々の生活が、向上することにあります。緑を育てるためのものではありません。緑化の結果《けっか》として、黄砂《こうさ》を抑《おさ》えることができればいいのです。

現地《げんち》に住む人々のことを優先《ゆうせん》させて考え、同時に砂漠化《さばくか》を止められてこそ、研究者たちの成果《せいか》となります。

より大きな目標《もくひょう》は、世界各地で広がっている、半乾燥地《はんかんそうち》での砂漠化防止《ぼうし》です。砂漠化を抑えるために役立って欲《ほ》しい研究です。その土地にあった植物を、選《えら》び出すことさえできれば、砂漠化が抑えられることがわかったのです。

一九八八年に始められた共同研究ですが、四半世紀の間に中国の都市は変《か》わりました。驚異的《きょういてき》な発展《はってん》をとげています。都市部では富裕層《ふゆうそう》と呼《よ》ばれる人々まで出てきました。

でも、黄土《こうど》高原の丘《おか》の上にはまだ一本の木もなく、一羽《わ》の鳥さえ見かけられません。試験地《しけんち》だけでなく、丘陵地《きゅうりょうち》の風景《ふうけい》も変えなければなりません。二〇〇〇年も昔の風景のように、松林と草原を取《と》り戻《もど》して、ヤオトンの家から木の家に住んでもらうことが、本来の姿《すがた》ではないだろうかと、一前《いちぜん》さんは考えました。

歴史的《れきしてき》にみると、一度伐採《ばっさい》して荒《あ》れた森林の再生《さいせい》に成功《せいこう》した事例は少ないのです。一九世紀の中部ヨーロッパの植林事業や、第二次大戦後の日本と韓国《かんこく》の造林《ぞうりん》事業くらいしかありません。

そんな事例を考えると、黄砂《こうさ》の発生地に数千年も住んでいる人々が、厳《きび》しい日《にち》常《じょう》生活を続けながら、緑化まで考えるようになることは、容易《ようい》なことではないとわかってもらえると思います。「慣《な》れ」からの脱却《だっきゃく》ということでしょうか。でも希望《きぼう》はあります。

黄土《こうど》高原と同じような半乾燥地帯《はんかんそうちたい》で、緑化に成功《せいこう》した例がアメリカにありました。サンフランシスコ近郊《きんこう》の丘陵地《きゅうりょうち》です。ナラ林と牧草地になりました。一前《いちぜん》さんはその丘陵をみるためにアメリカまで行ってきました。

サンフランシスコの丘陵地の風景《ふうけい》に、一歩でも近づけるために、一前さんたちは設計図《せっけいず》作りに向かいました。現地《げんち》に住む人々がいっしょになって、ワインやバイオアルコール、サジージュース造《づく》りを始めれば、暮《く》らしも環境《かんきょう》も良くなるはずです。試《こころ》みは成功したのですから。

現在《げんざい》、若《わか》い研究者の馬永清博士《マーヨンチンはかせ》たちが、一前さんたちの研究を引《ひ》き継《つ》いでいます。馬博士は中国科学院西北水土保持《ほじ》研究所の主任《しゅにん》研究員ですが、日本に留学《りゅうがく》していた留学生でもあります。家族ともども日本の文化、考え方を持ち帰ってくれた人たちの一人です。

黄土高原の丘陵地　© 一前宣正

サンフランシスコ近郊にみられるナラ林と牧草地　© 一前宣正

黄土高原《こうど》の緑化は本当に難《むずか》しいことです。中国の国家事業ですが、同時に東北アジアに住む人々が協力《きょうりょく》して解決《かいけつ》しなければならない問題です。

一前《いちぜん》さんは退職《たいしょく》してからも、一民間人として研究を続けてきました。その成《せい》果《か》に満足することなく、未来への大きな期待に燃《も》えています。希望《きぼう》を持ち続けています。地球上の乾燥地《かんそうち》の砂漠化《さばくか》がおさまって、緑が戻《もど》ったら人々の生き方や考え方が変わるかもしれません。

そんな願いの込《こ》められたメールが、一前さんから届《とど》きました。

「日中共同研究の目的は現地《げんち》の人々の生活向上です。ご承知《しょうち》の通り、四大文明と呼《よ》ばれたメソポタミア、エジプト、インダス、中国は、北緯《ほくい》二〇度から四〇度に位置《いち》し、今から数千年前に人口が増加《ぞうか》し、森林を切りました。ところが、その後、この地帯は地球規模《きぼ》の乾燥化《かんそうか》に遭遇《そうぐう》し、乾燥地〜半乾燥地状態《じょうたい》が進行し、現在《げんざい》でも回復《かいふく》できない状況《じょうきょう》にあります。

黄砂《こうさ》もこのような乾燥化から生まれたものです。

私《わたし》たちの願いは、人為的《じんいてき》な森林破壊《はかい》と地球的な気候変動《きこうへんどう》から生まれた不毛《ふもう》の地域《ちいき》を緑化し、人々の暮《く》らしを良くしようというものです。広大な地域の緑化は、暮らしの安定した中国だからこそできる試みです。私たちと同じ思いの若者《わかもの》が研究を引《ひ》き継《つ》ぎ、必ずや、緑の黄土《こうど》高原を取《と》り戻《もど》してくると確信《かくしん》しています。

―前生」

おわりに

地球の砂漠化《さばくか》と対策《たいさく》

ふと開いたインターネットで、「砂漠化――『地球温暖化《おんだんか》白書』」というページにドキッとさせられました。「現在《げんざい》の砂漠面積《めんせき》は」という言葉の下に、「37兆5138億5230万6500㎡」の数字が出ていて、あっという間、秒単位で約一九〇〇平方メートルずつ砂漠の面積が増《ふ》えていくのです。

現在、世界的に砂漠化が進み、大問題になっています。

砂漠とは、降水量《こうすいりょう》が少ないために土壌《どじょう》が乾燥《かんそう》して、植物も動物も昆虫《こんちゅう》まで生きていられない土地のことですが、そんな砂漠がどんどん広がっているのです。

驚異的《きょういてき》なスピードで砂漠化《さばくか》が進んでいるということです。

砂漠化が進んでいる地域《ちいき》は、以前から砂漠だったところではありません。人が住んでいたところや植物の生《は》えていたところが、気候《きこう》の変動や人間の活動によって、土地が荒《あ》れ、自然の営《いとな》みが破壊《はかい》されて、不毛《ふもう》の大地に変《か》わってしまうのです。黄土《こうど》高原での、過去《かこ》数千年間の戦《たたか》いや、森林伐採《ばっさい》、開墾《かいこん》、家畜《かちく》の放牧《ほうぼく》が砂漠化の原因《げんいん》になっていたことと同じでした。

現在《げんざい》、砂漠化が進んでいる土地面積《めんせき》は約三六億ヘクタールで、地球の陸地《りくち》部分の約四分の一といわれています。その影響《えいきょう》を受けている人口は、世界の総人口《そうじんこう》の約七分の一で一〇億人にも達《たっ》しています。黄土高原のあるアジア・アフリカでは六六パーセントにもなっています。

地球的規模《きぼ》の気候変動による、干《かん》ばつ、降水量《こうすいりょう》の減少《げんしょう》からくる乾燥化《かんそうか》が砂漠化の原因《げんいん》の一三パーセントです。残《のこ》りの八七パーセントは人間の活動による家畜《かちく》の過放牧《かほうぼく》と燃料用《ねんりょうよう》、住居用《じゅうきょよう》の木材の伐採《ばっさい》、それと黄土《こうど》高原のような耕地《こうち》の開墾《かいこん》が原因としてあげられています。ヤギとヒツジの過放牧による砂漠化《さばくか》は、他を大きく引《ひ》き離《はな》すほどの原因として特筆されています。

では、砂漠化を抑《おさ》える対策《たいさく》はとられているのでしょうか。外務省《がいむしょう》のホームページに国連環境《かんきょう》開発会議（ＵＮＣＥＤ）が「砂漠化対処条約《たいしょじょうやく》」を作成し、二〇〇二年までに一七九カ国が条約を締結《ていけつ》したことが出ていました。

日本も条約を批准《ひじゅん》し、アジア地域《ちいき》の砂漠化対処に貢献《こうけん》しています。政府《せいふ》開発援助《えんじょ》（ＯＤＡ）による調査《ちょうさ》を始めとする技術協力《ぎじゅつきょうりょく》、資金《しきん》の貸付《かしつけ》などを行っています。民間レベルでも、様々なＮＧＯが、政府の支援《しえん》を受けて、アフリカ、中国で植林などの砂漠化防止《ぼうし》活動を実施《じっし》しています。

役に立つ雑草《ざっそう》

一前《いちぜん》さんたちの研究から、サジーやスイッチグラスが、黄砂《こうさ》の発生をおさえてくれることがわかりました。少しずつだと思いますが、黄土《こうど》高原に緑が増《ふ》えていって欲《ほ》しいと思います。その緑化に貢献《こうけん》してくれた雑草のことも忘《わす》れてはいけません。

私《わたし》たちのもっと身近なところでも、雑草は役に立ってくれています。地球上に人間が誕生《たんじょう》してから、身の回りに生《は》える雑草や雑木《ぞうき》を選《えら》んで役立ててきました。まずは食料です。イネやトウモロコシの原種は元々、熱帯《ねったい》地方に生《は》えていた雑草です。その雑草の中から選ばれて、品種改良《ひんしゅかいりょう》が行われて、現在《げんざい》の米やトウモロコシが生まれました。

大豆はツルマメという大豆に似《に》た雑草《ざっそう》が改良《かいりょう》されてできたものです。形はそっくりですがマメの部分が大豆のように大きくはありません。コムギやオオムギも元は雑草です。

食用油を採《と》るアブラナ、ヒマワリ、ゴマも雑草から生まれました。砂糖《さとう》の原料になるサトウダイコン、サトウキビも雑草から品種《ひんしゅ》改良されたものです。香料《こうりょう》に使われるジャスミンもそうです。アジアやアフリカの熱帯《ねったい》地方原産のモクセイ科の雑草です。

果物《くだもの》も野菜《やさい》も人間によって変《か》えられてきました。どんどん新しい品種が出ていますよね。

雑草から思い起こす言葉に「雑草魂《だましい》」という言葉があります。名もない人が、踏《ふ》みつけられながらも、めげずに頑張《がんば》って世に出て行く、その根性《こんじょう》を「雑草魂《だましい》」と呼《よ》ぶのです。

野球選手で今アメリカの大リーグで活躍《かつやく》している、元巨人軍の上原浩治《うえはらこうじ》選手の野球人生がそう呼《よ》ばれていました。

上原選手は、子どものころ、少年野球のチームに入っていたのに、中学校に行ったら野球部がなくて、陸上部《りくじょうぶ》に入ります。高校に行ってまた野球部に入りますが、バッティング投手や控《ひか》えの投手にしかなれませんでした。

仲間がプロ野球から勧誘《かんゆう》されているのを横目で見て、大学を出たら体育の教師《きょうし》になろうと考えて大学を受験しますが、不合格《ふごうかく》でした。翌年《よくねん》の大学受験までの浪人《ろうにん》時代は、家計を助けるために道路工事のアルバイトもして、ジムでトレーニングに励《はげ》んでいたそうです。

マスコミやファンの人たちが、そんな上原選手の生き方を指していった言葉が

「雑草魂《ざっそうだましい》」でした。不運な時期もしたたかに生き、実を結ぶ雑草の生き方と同じだと考えたのかもしれません。

上原《うえはら》選手は今、「雑草魂」という言葉を「座右の銘《ざゆうのめい》」にしているそうです。「座右の銘」とは、いつも自分のそばにおいて、自分を励《はげ》ましたり、反省したりするための言葉です。

黄土高原《こうど》の砂漠化《さばくか》を抑《おさ》えることに役立ってくれる「雑草」、上原選手の座右の銘になった「雑草」だけではありません。私《わたし》たちの生活に、「雑草」はなくてはならないものでした。そのことをもう一度考えなければなりません。

一前《いちぜん》さんは、雑草の話をすると、いつも、

「雑草はピラミッドの一番下の段《だん》に位置するけど、雑草がなかったら人間もすべての生物も生きていけない」

といいます。初めはなんのことか分かりませんでした。お話を聞いていくうちに、食物連鎖《しょくもつれんさ》のピラミッドのことだとわかりました。

植物を小さな昆虫《こんちゅう》が食べ、小さな昆虫は大きな昆虫に食べられます。その昆虫は小鳥に食べられます。その小鳥は猛禽類《もうきんるい》の鳥に食べられてしまいます。これが陸上《りくじょう》の食物連鎖です。水中でも同じ食物連鎖が行われています。

雑草《ざっそう》や草、木を下の段《だん》に置き、それを食べる昆虫、小鳥を上の段にしていくとピラミッドの形になります。一前《いちぜん》さんはそのことをいっていたのです。雑草がなくなったら、黄土《こうど》高原のように鳥も動物も住めなくなります。砂漠《さばく》になったら、人間も住めません。

一前《いちぜん》さんは、近くを流れる川の護岸《ごがん》工事で、見られなくなってしまった水草のバイカモを心配していました。バイカモには水をきれいにしてくれる働《はたら》きがあります。川に重機《じゅうき》が入れば、川底《かわぞこ》に生《は》えていたバイカモは絶滅《ぜつめつ》してしまいます。バイカモがなくなった川は濁《にご》り出しました。

「雑草《ざっそう》とともに生きよう。雑草と話をしよう」

と、一前《いちぜん》さんはいっています。声をかければ、雑草は返事をしてくれるといっています。これほど、雑草を愛《あい》し、雑草を尊敬《そんけい》している人に会ったことはありません。

最後に、雑草も木もなく、鳥も見られない黄土《こうど》高原で、研究を重ねてきた一前さんの思いを伝えます。

バイカモ

雑草《ざっそう》に助けられて生きている私《わたし》たち

一前宣正《いちぜんのぶまさ》

多くの人間は、〝雑草は邪魔《じゃま》だから取《と》り除《のぞ》こう〟と考えているのですが、大間《おおま》違《ちが》いです。その生活を詳《くわ》しく観察《かんさつ》すると、〝雑草の助けがないと一日も生きられない〟ということに気がつきました。雑草はかけがえのない友だちで先達《せんだつ》だったのです。

第一に、雑草は人間が生まれるよりもずっと昔に地球上に現《あらわ》れ、その後に生まれてきた動物や人間が住みやすいように、環境《かんきょう》を整《ととの》えてくれました。観音様《かんのんさま》のように慈悲深《じひぶか》い方です。人間が生きているのは、雑草を含《ふく》む植物が数億年《すうおくねん》もかけて、大気と水とエネルギーの循環《じゅんかん》を調節《ちょうせつ》し、地形を守っているお陰《かげ》です。雑草は全《すべ》ての生き物が加《くわ》わっている食物連鎖《しょくもつれんさ》ピラミッドの最低部《さいていぶ》で縁《えん》の下の力持ちとして働《はたら》いているので、万が一、雑草《ざっそう》が死んでしまえば、このピラミッドが崩《くず》れ、人間も死んでしまいます。

第二に、雑草は人間の暮《く》らしに必要《ひつよう》な資材《しざい》を用意してくれます。これまで、人間は食べる物、着る物、住む所の全てを雑草や雑木《ぞうき》に頼《たよ》ってきました。雑草は資《し》源《げん》の宝庫《ほうこ》です。これからも、食用や薬用の資源として、あるいは植生修復《しょくせいしゅうふく》の資源として、雑草が頼《たの》みの綱《つな》です。

第三に、雑草は人間に生きる道を教えるお師匠《ししょう》さんです。「自然の仕組みに従《したが》って生活すれば、自然の環境《かんきょう》を変えることなく、健康《けんこう》で生きがいのある暮らしができますよ」と教えています。自然の仕組みとは、再生可能《さいせいかのう》な資材とエネルギーを用いること、循環《じゅんかん》社会を維持《いじ》すること、住み分けることです。昔、夢窓《むそう》疎石《そせき》や宮崎友禅《みやざきゆうぜん》らの先達《せんだつ》が〝師《し》は自然なり〟と悟《さと》った内容《ないよう》です。残念《ざんねん》ながら、人間が発明したお金では、一時の便利《べんり》さと快適《かいてき》さが手に入れられても、健康《けんこう》で生きがいのあるいきいきとした暮《く》らしは買えません。

第四に、雑草《ざっそう》は人間の心に安らぎを与《あた》えます。野鳥やモンシロチョウと同じように、野生の草花である雑草を見ると心が和《なご》みます。残念《ざんねん》なことですが、私《わたし》たちは遺伝子操作《いでんしそうさ》で造《つく》った八重咲《やえざ》きの花や自然には見られない青や黒い花が、雑草の小さな花よりも美しいと頭に刷り込《こ》まれているのです。お金の力に惑《まど》わされると、地球の環境《かんきょう》が変わって、人間の時代に終止符《しゅうしふ》が押《お》されるかもしれませんよ。

一前宣正さんには、何度も快く取材に応えていただき、また、貴重な写真・資料をご提供いただきました。深く感謝申し上げます。(著者)

一前宣正《いちぜんのぶまさ》：1942年、富山県生まれ。宇都宮大学農学部農学科卒業後、宇都宮大学雑草科学研究センターに所属、黄砂への挑戦を続けた。農学博士。宇都宮大学名誉教授。

参考資料

『フォトレポート　黄砂への挑戦～雑草で中国黄土高原の緑化を図る～』(一前宣正著・全国農村教育協会刊)

高橋秀雄《たかはしひでお》
1948年栃木県生まれ。『やぶ坂に吹く風』（小峰書店）で日本児童文学者協会賞受賞。作品に『やぶ坂からの出発』(小峰書店)、『地をはう風のように』(福音館書店)、『わたしたちうんこ友だち？』『空に咲く戦争の花火』（以上今人舎）、『ぼくの家はゴミ屋敷⁉』（新日本出版社）他多数。日本児童文学者協会会員。全国児童文学同人誌連絡会「季節風」同人。

黄砂《こうさ》にいどむ――緑《みどり》の高原《こうげん》をめざして

2016年2月20日　初　版　　NDC913 142P 20cm

作　者　高橋秀雄
発行者　田所　稔
発行所　株式会社新日本出版社

〒151-0051 東京都渋谷区千駄ヶ谷4-25-6
営業03(3423)8402
編集03(3423)9323
info@shinnihon-net.co.jp
www.shinnihon-net.co.jp
振替　00130-0-13681

印　刷　光陽メディア　製　本　小高製本

落丁・乱丁がありましたらおとりかえいたします。

ISBN978-4-406-05969-5　C8393　Printed in Japan